페름기 대멸종 이후 다시 꽃핀

중생대 지구 여행

일러두기

1 라틴어로 된 동물과 식물의 학명은 이탤릭체로 표기했으며, 속명은 대문자, 종명은 소문자로 시작합니다.

2 과나 류 등의 분류 명칭과 영문 용어는 일반 서체로 표기했습니다.

조민임 지음

멸종과 진화가 만들어낸 꽃 피는 식물과
공생한 **곤충**, 땅을 지배한 **공룡**과 숨죽인 **포유류**까지

플루토

46억 년 동안 지구는 다양한 생물이 출현했고 다섯 번의 대멸종을 겪었습니다. 그동안 지구에는 지각 변동, 해수면 상승, 기후 변화 등과 같은 지질학적 사건이 끊임없이 일어났죠. 그중에서도 고생대 페름기 후기 대멸종은 지구상에 있던 거의 모든 생명체를 잃은 시기입니다. 지구 역사상 가장 비극적인 사건이라고 할 정도입니다. 그럼에도 페름기 후기 대멸종 이후 시작된 중생대 지구는 2억 년이 넘는 시간 동안 원래의 모습을 서서히 회복해나갔죠. 중생대 지구가 어떤 모습으로 변화했고, 어떤 생명체가 나타나고 진화하면서 생태계를 형성해나갔는지 살펴보는 일은 아주 흥미로울 겁니다.

《중생대 지구 여행》에서는 지질시대 중 중생대를 3부로 나누어 당시 환경과 생태에 대해 이야기합니다.

1부에서는 중생대 트라이아스기 생물의 진화와 멸종을 다룹니다. 약 2억 5,190만 년에서부터 2억 130만 년 전까지의 시기입니다. 이때 지구는 초대륙 판게아와 거대한 하나의 바다 판탈라사로 되어 있었습니다. 페름기 후기 대멸종 이후 지구는 황무지나 다름없었고, 그 어떤 생명체도 품을 수 없는 상태였습니다. 그 후 차츰 땅에 생명을 불어넣을 균류가 살아났고, 이들과 함께 공생할 지의류도 고개를 들기 시작했습니다. 오랜 시간 동안 포자 상태로 있던 양치식물도 등장했습니다. 지구가 대격변을 겪던 시기에도 포자는 생명력을 잃어버리지 않고 다시 싹을 틔울 알맞은 때를 기다리고 있었죠.

겉씨식물의 번성과 동시에 다양한 동물이 등장했습니다. 특히 곤충을 포함한 절지동물도 육지나 물속 환경에 적응하며 살아가기 시작했죠. 트라이아스기 후기에 들어서면 드디어 공룡의 조상 격인 파충류가 등장하고, 아주 작은 포유류도 자신을 숨기며 살아갔습니다.

2부에서는 중생대 쥐라기에 나타난 생물과 진화 과정을 소개합니다. 약 2억 130만 년부터 1억 4,500만 년 전까지의 시기로, 하나의 땅덩어리였던 판게아는 서서히 갈라지고, 그 갈라진 틈 사이로 바다가 만들어지고 있었습니다.

당시 지구는 전반적으로 덥고 습한 열대성 기후였습니다. 일반적으로 기온이 상승하면 이산화탄소 농도는 증가하고, 산소 농도는 감소하므로 생물이 활동하는 데 영향을 줍니다. 동물은 호흡 곤란을 겪고, 식물은 광합성 효율이 떨어지는 현상이 일어나죠. 이 시기 생물은 변화된 대기에 적응해 살아남기 위해 무수히 노력했을 겁니다.

침엽수류(구과식물류), 소철류, 마황류(겉씨식물과 속씨식물의 중간 형태), 은행나무류가 등장해 겉씨식물의 전성기라고 할 만큼 번성한 시기입니다. 동물은 여전히 연결되어 있던 육지를 통해 여기저기로 이동할 수 있었습니다. 초식동물의 장거리 이동은 먹잇감을 쫓아다니는 육식동물의 이동과도 관련 있습니다.

쥐라기 전기의 용각아목 공룡(용각류 공룡, 초식공룡)과 수각아목 공룡(수각류 공룡, 육식공룡)은 덩치가 작고, 뒷다리도 가늘었습니다. 작은 덩치를 가진 육식공룡은 자신보다 더 작은 포유류와 파충류의 새끼를 사냥하거나 알을 훔쳐 먹으며 살았습니다. 시간이 흘러 쥐라기 후기의 용각아목 공룡과 수각아목 공룡은 덩치를 키우며 그들만의 리그를 만들어갔습니다.

대부분 초식공룡이 속한 조반목 공룡도 쥐라기 후기의 지층에서 발굴되고 있습니다. 이들은 수각아목 공룡의 공격으로부터 스스로를 지키기 위해 온몸에 다양한 방어용 무기를 장착하기 시작했죠. 하늘을 나는 파충류 익룡은 덩치가 작았습니다. 이들의 비행 능력과 방법이 어느 정도였는지는 논란이 있지만, 최근에는 이들도 현생 조류처럼 날갯짓을 해서 잘 날았을 거라는 연구 결과가 나오고 있습니다.

쥐라기 중기에 가장 흔한 포유류는 반수생 동물 도코돈트로, 판게아에서 갈라진 로라시아 초대륙 전역에 걸쳐 서식했습니다. 쥐라기 후기 지층에서 발굴된 아르케옵테릭스는 처음에는 조류로 분류했지만, 연구가 진행되면서 지금은 공룡으로 분류합니다. 최근에는 아르케옵테릭스의 깃털 화석에 남은 멜라노솜의 흔적을 추적해 깃털 색을 찾아내는 데 성공했습니다.

바다에서는 오늘날 찾아볼 수 없는 해양 파충류가 번성했습니다. 해양 파충류가 등장하게 된 가장 유력한 가설은 현생 고래처럼 육지에 살았던 파충류 중 한 종이 바다로 되돌아갔다는 가설입니다.

3부에서는 중생대 백악기의 동식물과 새로운 생물의 출현을 소개합니다. 약 1억 4,500만 년에서부터 6,600만 년 전까지의 시기입니다. 지각 이동으로 지금과 비슷한 대륙의 형태가 완성된 시기이기도 하죠.

백악기부터 꽃 피는 속씨식물이 본격적으로 등장했습니다. 연구자들은 꽃은 수술과 암술이 모두 있는 양성화에서 수술 또는 암술만 있는 단성화로, 수술은 사방으로 퍼지는 방사형에서부터 진화가 시작되었으며, 시간이 지날수록 꽃의 여러 기관은 방사형 기관의 수가 점점 줄어드는 방향으로 진화했다고 보고 있습니다. 속씨식물이 등장하자 식물 수정의 매개가 되는 곤충도 급속도로 늘었습니다.

공룡들은 갈라진 육지 때문에 더 이상 다른 대륙으로 이동할 수 없게 되었죠. 티라노사우루스가 등장했고, 깃털 달린 공룡이 번성하면서 그중 한 무리가 진화해 현생 조류가 되었습니다. 극지방에서도 발굴되는 백악기 후기 지층의 공룡 화석을 연구하면 당시 환경과 생태를 알 수 있습니다. 백악기 후기 극지방 기온은 여름에는 섭씨 약 10~12도로 생존에 적당했으며, 겨울에는 영하 2도에서 영상 3.9도로 추운 날이 여러 달 동안 지속되었지만 빙하기가 나타날 정도로 춥지는 않았습니다.

케찰코아틀루스는 백악기 후기에 살았던 대표적 익룡입니다. 아즈텍 신화에 나오는 케찰코아틀에서 따온 학명이죠. 날개를 가진 큰 뱀이라는 뜻으로, 북아메리카에서 번성한 하체곱테릭스가 발굴되기 전까지 가장 큰 익룡으로 알려져 있었습니다. 쥐라기의 익룡과 백악기의 익룡은 크기와 형태 면에서 뚜렷한 차이를 보입니다.

백악기 후기에는 공룡뿐만 아니라 포유류의 다양성도 풍부해졌습니다. 포유류는 고생대의 단궁류(포유류형 파충류)에서부터 시작되었으며, 오랜 시간에 걸쳐 점점 분화해나갔습니다. 포유류는 암컷의 몸에 두 개의 자궁과 아기주머니(육아낭)를 가진 캥거루 같은 유대하강과 자궁 안에서 태반을 통해 영양분을 받아 자라는 태반하강으로 나눠지죠. 이 모든 종의 포유류는 백악기 후기에 진화했습니다. 또한 백악기의 해양 파충류는 2001년 화석상 기록을 보았을 때 약 50과, 225속, 400종 이상 분류되어 있습니다. 지금도 화석이 발굴되고 있으니 수치는 계속 바뀔 겁니다.

고생물학은 현생 인류가 등장하기 전, 화석으로 남겨진 지구 생명체의 역사를 연구하는 학문입니다. 현재 지구뿐만 아니라 미래 지구의 변화를 예측하는 기반이 되는 학문이기도 하고요.

고생물학자들은 생물의 진화와 멸종을 연구하고, 생물을 기준에 따라 분류하는 작업 등을 합니다. 그리고 생물이 살았던 고환경, 고생태도 연구하죠. 이러한 연구는 고생물학뿐만 아니라 고지리학, 고기후학, 층서학 등 다양한 분야와 함께 진행됩니다.

고생물학 연구에서 가장 중요한 자료는 화석입니다. 화석이 되기 위해서는 생물의 유해(골격, 이빨, 피부, 깃털, 똥, 발자국, 위석 등)가 최소한 1만 년 이상 땅속에 묻혀 있어야 합니다. 퇴적층에서 고스란히 화석이 된 생물의 유해는 과거의 수많은 정보를 담고 있는 돌입니다. 《중생대 지구 여행》을 읽고 난 후 자연사박물관과 과학관을 방문할 때, 이 화석이 담고 있는 정보는 무엇일까 궁금하고 호기심이 솟는 계기가 되면 좋겠습니다. 또한 우리나라에서 고생물학이 더욱 활성화되고, 관심 있는 누구나 쉽게 접근할 수 있는 재미있는 분야가 되기를 바랍니다.

차례

2부 중생대 쥐라기

1장 산소 탱크가 된 숲

2장 서서히 움직이기 시작한 쥐라기의 대륙

3장 바닷속 생물들

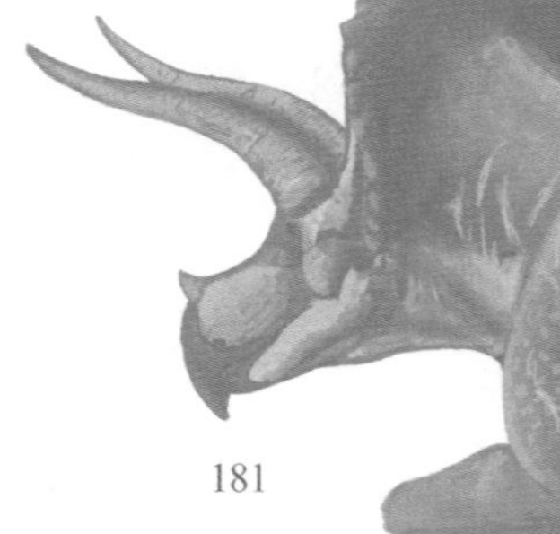
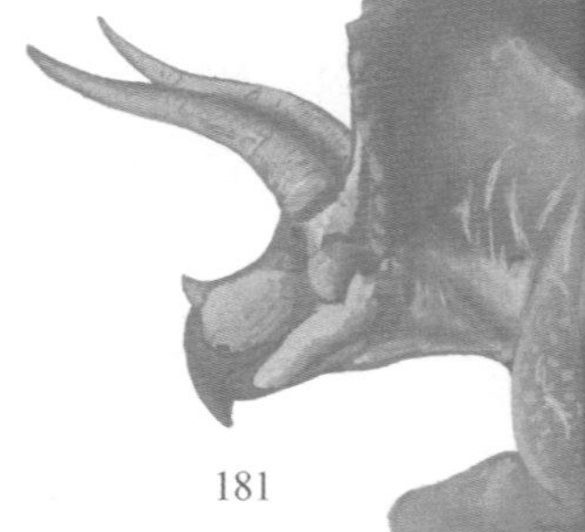

3부 중생대 백악기

들어가며

고생대 페름기 후기의 대격변

약 138억 년 전 빅뱅으로 만들어진 우주는 끊임없이 팽창하는 가스와 수많은 물질에 의해 서로 충돌하고 합쳐지는 과정을 오랜 시간 반복했다. 이러한 과정을 거치며 지금으로부터 약 46억 년 전에 지구가 탄생했다. 당시 지구는 마그마 그 자체였다. 이런 지구에 수백만 년 동안 비가 내리면서 점점 식어가기 시작했고, 지형이 낮은 곳은 물로 채워지며 원시 바다가 탄생한다. 섭씨 1,300도에 달하던 지표면의 온도도 점차 내려가 38억 년 전에는 지금과 같은 육지와 바다가 만들어졌다. 대기는 주로 이산화탄소, 질소, 수증기 등의 기체로 가득했으며, 매우 불안정했다.

지구의 지질학적 역사, 즉 지질시대는 생물학적, 층서학적(지층에 들어 있는 화석의 시대적 관계로 지구 발달사를 연구하는 학문)인 측면에서 중요한 사건의 흐름을 말한다. 지질시대는 크게 선캄브리아대, 고생대, 중생대, 신생대로 나뉘며, 다시 기紀, 세世, 절節로 세분된다.

약 46억 년 전부터 5억 4,100만 년 전까지의 선캄브리아대는 지질시대의 90퍼센트 가량을 차지할 정도로 길었다. 이 시기 지구는 불덩어리 그 자체라서 어떠한 생명체도 살 수 없던 환경이었다. 그런데 약 38억 년 전 바다에서 최초로 산소를 만드는 남조류Cyanobacteria(시아노박테리아)가 등장하게 된다. 고생대는 약 5억 4,100만 년에서부터 2억 5,190만 년 전까지이며, 캄브리아기, 오르도비스기, 실루리아기, 데본기, 석탄기, 페름기로 나뉜다. 지질시대 중 선캄브리아대 다음으로 가장 길었던 시기이다. 고생대는 여러 개의 대륙으로 갈라진 상태에서 시작되어 페름기에는 하나로 뭉쳐지며 끝났다. 이 시기 생물 대부분은 바다에 서식했고, 육지는 여전히 불모지로 남아 있었다. 중생대는 약 2억 5,190만 년에서부터 6,600만 년 전까지의 시기로 트라이아스기, 쥐라기, 백악기로 나뉜다. 마지막으로 신생대는 6,600만 년 전부터 현재까지를 말하며, 크게 제3기와 제4기로 나뉜다.

지구상에 생명체가 나타난 이후 환경적인 요인들로 인해 생명체가 멸종하는 사건이 열한 차례가량 발생했다. 이 멸종 사건 가운데 규모가 큰 다섯 차례의 멸종을 대멸종Mass Extinction이라고 한다. 대멸종은 많은 생명체를 절멸에 이르게 했지만, 어떤 생명체에게는 새로운 생명체로 진화할 수 있는 기회의 장이기도 했다.

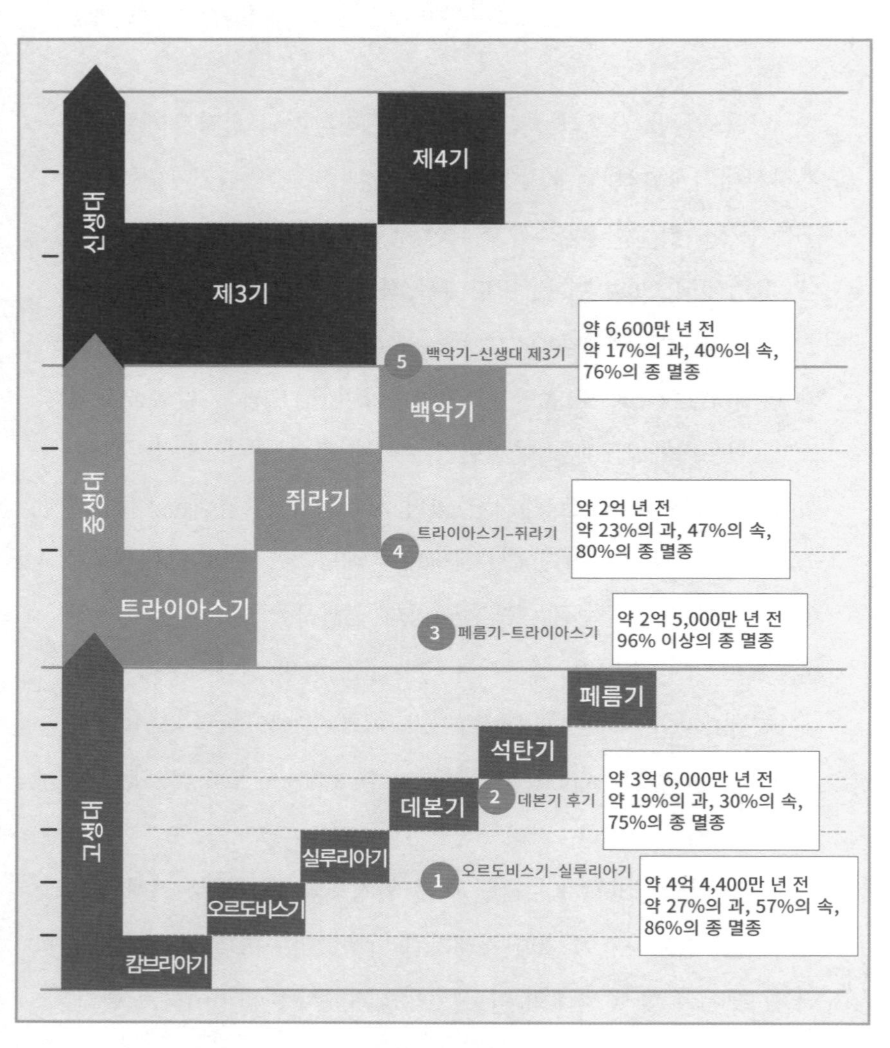

5대 대멸종 시기와 멸종 비율

지금까지 알려진 대멸종의 특징은 크게 다섯 가지이다. 첫째 생태적, 외형적으로 유사한 부분이 있는 생물을 모아둔 과Family 수준에서는 10퍼센트 이상의 멸종이 일어나고, 서로 교배가 가능하고 이들 간의 자발적 교배로 그 자손들이 번식 능력을 가진 종Species 수준에서는 30퍼센트 이상 멸종해야 한다. 둘째 육지 생태계와 해양 생태계 모두에서 나타나야 한다. 셋째 생물 분류 체계에서 가장 큰 분류 단위인 계Kingdom는 고세균계, 세균계, 원생생물계, 균계, 식물계, 동물계로 나뉘는데, 대멸종은 특정한 계에만 발생하지 않아야 한다. 넷째 대멸종은 상대적으로 매우 짧은 시간에 발생해야 한다. 또한 기후변화나 강력하고 연쇄적인 화산 폭발처럼 뚜렷하고 커다란 지질학적 사건에 의해 일어나야 한다. 다섯째 대멸종은 지속적으로 발생하는 자연도태 같은 배경멸종Background Extinction(소규모 멸종)보다 멸종의 규모가 커야 한다.

지금까지 밝혀진 대멸종의 원인은 거대한 화산 활동, 빙하기, 지구온난화, 혜성이나 소행성 충돌, 대기 중 산소 부족, 지각 변동, 지구 자기장 변동 등 다양하다.

지구의 첫 번째 대멸종은 고생대 오르도비스기에서 실루리아기로 넘어가는 시기에 발생했다. 이 당시 대부분 생물은 바다에서 살았다. 그런데 급격히 기온이 떨어지면서 바다가 얼음으로 덮이고 해수면 수위가 낮아진다. 바다의 환경이 변하면서 생물의 대멸종으로 이어졌다. 약 27퍼센트의 과, 57퍼센트의 속, 86퍼센트의 종이 멸종했다. 예를 들어 완족동물과 태형동물은 완전히 멸종했다. 완족동물은 발과 비슷한 형태의 촉수관을 가진 동물로, 조개처럼 패각(겉껍데기)이 두 개지만 크기는 다르다. 태형동물은 이끼벌레라고도 한다. 대부분 1밀리미터 이내로 아주 작고, 군체를 만들기 때문에 나뭇가지처럼 보이기도 한다. 절지동물인 삼엽충Trilobite, 고생대부터 중생대 쥐라기 전기까지 바다에 살았던 코노돈트*Conodont*(턱이 없는 해양 척추동물이라고 유추하며, 이빨 모양의 매우 작은 부분 화석), 필석(고생대 바다에 떠다녔던 작은 부유동물로, 단백질 성분의 유기질 골격이 화석화된 것) 같은 수많은 과 수준의 생물도 멸종을 피할 수 없었다.

두 번째 대멸종은 고생대 데본기에 일어났다. 데본기 중기와 후기에 일어난 연속된 멸종 사건이 원인이다. 약 19퍼센트의 과, 30퍼센트의 속, 75퍼센트의 종이 멸종했다. 산호초와 턱이 없는 무악어류, 완족동물, 삼엽충 등 해저에 사는 수많은 동물이 사라졌다.

세 번째 대멸종은 고생대 마지막 시기인 페름기에 일어났다. 지구에서 발생한 멸종 사건 중 최대의 대멸종으로, 96퍼센트 이상의 종이 지구에서 사라졌다.

네 번째 대멸종은 중생대 트라이아스기–쥐라기에 발생했으며, 약 23퍼센트의 과, 47퍼센트의 속, 80퍼센트의 종이 멸종했다. 지배파충류(비공룡류), 포유류의 조상인 단궁류, 대형 양서류가 멸종함으로써 공룡이 땅의 지배자로 자리 잡은 시기이기도 하다.

계界, Kingdom

크게 고세균계, 세균계, 원생생물계, 균계, 식물계, 동물계로 나뉜다. 계를 분류하는 중요한 기준은 핵막이나 세포벽 유무, 광합성 여부, 기관의 발달 정도 등이다.

문門, Phylum/Division

Phylum은 동물의 문이고, Division은 식물의 문이다. 동물에서는 발생 및 체제의 모양을, 식물에서는 엽록소의 유무나 체제의 양식 등을 분류 기준으로 삼는다.

강綱, Class

호흡, 번식 방법, 사는 장소 등 뚜렷한 공통점을 가진 생물군을 가리킨다.

목目, Order

강에 속한 생물 가운데 유전적으로 더 가까운 관계를 가진 생물이다. 먹이나 번식 방법, 생김새 등 비슷한 특징을 가진 생물끼리 분류한다.

과科, Family

목으로 분류된 생물 가운데 생태적, 외형적으로 유사한 생물끼리 분류한다.

속屬, Genus

과로 분류된 생물 가운데 유전적, 계통적으로 매우 밀접한 관계를 가진 근연종들로 이루어진 생물끼리 분류한다.

종種, Species

자연적으로 교배가 가능하고 이를 통해 자손을 낳을 수 있는 생물이 속한다.

생물 분류 체계

다섯 번째 대멸종은 중생대 백악기와 신생대 제3기의 경계에서 일어났다. 약 17퍼센트의 과, 40퍼센트의 속, 76퍼센트의 종이 멸종했다. 육지에서는 비조류 공룡이 사라졌으며, 바다에서는 암모나이트, 수장룡, 모사사우루스*Mosasaurus* 같은 해양 파충류가 자취를 감추었다.

이 가운데 가장 치명적이고 모든 생명체가 절멸하다시피 한 대멸종은 고생대 페름기 후기 대멸종이다. 페름기는 약 4,700만 년 동안 이어졌다. 끊임없이 움직이던 대륙판은 이때쯤 한 덩어리로 뭉쳐졌는데, 이를 판게아Pangaea라고 한다. 바다 역시 거대한 판탈라사Panthalassa와 고대 테티스해Tethys海로 이루어져 있었다.

판게아의 육지 생태계는 지금과 완전히 달랐다. 우리 주변에서 흔히 볼 수 있는 꽃 피는 식물, 즉 속씨식물과 바람에 의해 번식하는 겉씨식물이 등장하기 전이었다. 동물 생태계도 마찬가지이다. 새끼에게 젖을 먹여 키우는 포유류는 아직 등장하지 않았다. 파충류도 지금과는 전혀 다르게 생겼고, 육지와 바다를 오가는 양서류가 번성했다. 이제는 거의 멸종하고 없어진 거대한 곤충도 생태계의 일원이었다.

지구의 기후는 오늘날과 같이 위도에 따라 달랐다. 특히 판탈라사, 테티스해와 가까운 곳에 위치한 육지는 수증기를 가득 머금은 대기가 흘러 고온 다습했다. 대륙 한가운데로 갈수록 점점 대기가 건조해졌고, 생명체라고는 찾아볼 수 없는, 끝없이 흙만 펼쳐진 사막 같은 곳도 존재했다. 페름기 전기의 열대 지역은 지금처럼 우기가 되면 하늘이 뚫린 것처럼 비가 내려서 호수나 한 줄기 강이 만들어지기도 했다. 비가 그치면 이런 곳을 중심으로 석송류와 속새류가 우후죽순 자라났으며, 건기가 되면 호수와 강줄기가 말라서 사라지기를 반복했다.

주로 양서류가 번성했던 이 시기에 특이한 모습을 한, 덩치 큰 포유류형 파충류가 등장한다. 포유류형 파충류는 포유류와 유사한 여러 형태를 가진 파충류 무리를 가리킨다. 바로 디메트로돈*Dimetrodon*이다. 디메트로돈은 등에 배의 돛처럼 생긴 큰 돌기가 있다. 이 돌기를 이용해 아침에 쏟아져 내리는 햇빛을 받으며 체온을 올렸다.

고생대 데본기부터 대기 중 산소 농도가 서서히 증가하기 시작했다. 덕분에 페름기 중기로 들어서면서부터 거대한 양치식물이 주류를 이루는 숲이 형성되어 많은 양의 산소를 뿜어냈다. 이 시기 산소 농도는 약 35퍼센트로 절정에 달했다. 판게아의 남단에 위치한, 지금의 오스트레일리아에 해당하는 곳은 페름기 중기에는 전반적으로 고온의 여름 기온이었다.

지금까지 오스트레일리아에서 발굴된 화석을 조사한 결과, 이제는 멸종된 종자고사리 글로소프테리스*Glossopteris*가 하늘에 닿을 듯이 자라며 전성기를 누렸다. 이 시기 식물들은 번성하여 거대한 숲을 형성했지만, 다양한 동물 화석은 나오지 않았다. 즉 페름기 중기까지만 해도 식물이 번성한 것에 비교하면 동물종은 눈에 띌 정도의 변화가 없었다고 추측할 수 있다.

남아프리카 카루 분지에서 발굴된 페름기 후기의 화석들을 살펴보면 중기 이후부터 육지 생물의 다양성이 높아졌다는 사실을 알 수 있다. 호수 같은 범람원에서는 글로소프테리스, 고사리류, 속새류, 석송류 같은 다양한 양치식물이 번성하는 동시에 포유류의 조상 격인 단궁류가 등장했다. 돼지만 한 크기의 초식성 동물 리스트로사우루스*Lystrosaurus*, 덩치가 큰 스쿠토사우루스*Scutosaurus* 등 초식성 포유류형 파충류도 등장했다. 같은 시기에 이런 초식성 동물을 잡아먹고 사는, 덩치가 작은 이노스트란케비아*Inostrancevia*도 번성하기 시작했다. 이처럼 복잡한 먹이사슬이 만들어졌다는 것은 페름기 후기의 생태계가 그만큼 점점 다양해지고 안정화되었다는 사실을 뜻한다.

생태계가 되살아나면서 바다와 육지의 생태계는 계속 평화로울 것 같았다. 그러나 당시 육지의 어느 곳에서 거대한 굉음이 울리고 땅이 흔들리며 검붉은 열기를 뿜어내고 있었다.

고생대 페름기 후기에 일어난 대멸종은 지구 역사상 제일 비극적인 사건이다. 페름기 후기 대멸종의 원인으로 가장 유력한 가설은 화산 폭발이다. 이 시기 화산은 한 번만 폭발한 것이 아니라 수백만 년 전부터 연쇄적이고 지속적으로 일어났다. 화산 폭발이 절정에 달한 시기가 고생대 페름기 후기이다. 지금까지 연구 결과에 따르면 페름기 후기 러시아의 시베리아 일대에서 100만 년에서 200만 년 동안 화산 폭발이 일어났다. 이 일대를 '시베리아 트랩'이라고 부른다. 화산 폭발로 형성된 시베리아 트랩의 면적은 지금의 인도보다 넓은 약 3억 9,000헥타르로, 지역 전체가 400~3,000미터 두께의 현무암으로 덮여 있다. 이 정도 면적이 현무암으로 덮이려면 실제로 용암이 홍수처럼 흘러내려 간 면적은 두 배 이상일 것이다.

화산 분출이란 땅속 깊은 곳의 마그마가 지표 가까이에서 분화해 화산재, 화산가스 등이 발생하는 현상을 말한다. 화산 분출과 함께 지진이나 지진해일이 나타나기도 한다. 100만 년 이상 화산 분출이 계속되면 지구의 땅과 바다, 대기는 어떻게 될까?

화산가스의 주성분은 물과 이산화탄소이지만, 황, 염소, 불소 등도 들어 있다. 이 기체는 모두 물에 잘 녹고, 수용액 상태가 되면 유해한 산성 성분을 만들어낸다. 그래서 화산이 폭발한 주변의 땅 위로 내리는 비는 산성비이다. 산성비가 내리자 땅과 바다는 산성화되었다. 대기 중 이산화탄소 농도는 서서히 올라가고, 화산 먼지로 인해 햇빛마저 차단된 지구는 온난화 현상을 겪었다. 지구온난화 현상은 약 1,000만 년 동안이나 계속되었다. 햇빛을 받지 못한 식물은 더 이상 광합성을 하지 못해 죽음에 이르고, 식물을 먹고 사는 초식동물 역시 개체 수가 줄어갔다. 초식동물을 먹는 육식동물까지 영향을 받아 육지 생물의 70퍼센트가 사라지는 대멸종 사태로 이어졌다.

당시 고생대 바다는 다양한 종의 삼엽충과 벨렘나이트*Belemnite*, 갑주어, 둔클레오스테우스*Dunkleosteus* 등 무척추동물과 연골어류가 살았다. 하지만 해양 생태계도 이 시기를 견디지 못하고 육지보다 심각한 수준의 멸종을 맞이한다. 바닷물 온도가 섭씨 40도까지 오르면서 바닷속 산소 농도는 80퍼센트까지 급격히 내려갔다. 이로 인해 해양 생태계가 무너져 내렸다. 탄탄하게 연결되어야 할 바다의 먹이사슬이 끊어진 것이다. 뜨거워진 물이 충분한 양의 산소를 받아들이지 못하자 해양 생물의 다양성도 뚝 떨어졌다. 결국 모든 해양 생물이 질식 상태를 겪다가 무려 95퍼센트가 멸종했다. 육지보다 바다가 더 치명적인 피해를 입은 이유는 바다 환경이 육지 환경보다 제한적이기 때문이다. 육지는 거대한 숲과 초원, 땅속 등 동물이 살아가고 숨을 수 있는 다양한 장소를 가지고 있지만, 바다는 물이라는 단 하나의 장소만 있는, 거대하게 뻥 뚫린 공간이다.

대멸종은 우리가 인지하는 시간보다 훨씬 오랜 기간 동안 아주 천천히 지구에 어둠의 그림자를 드리웠다. 페름기 후기 대멸종은 그저 하나의 거대한 땅으로 연결되었던 판게아가 또다시 맨틀의 대류에 의해 천천히 이동하고 부딪히고 갈라지고 솟아오르는 자연적인 현상을 겪으면서 발생한 부차적인 현상에 불과할 수도 있다. 하지만 지구 생물의 90퍼센트 이상 멸종되었다는 것은 지구의 모든 것을 재부팅해야 한다는 말과 마찬가지이다.

반면에 대멸종은 예상 밖의 생물이 진화할 수 있는 또 다른 기회가 되었다. 대멸종 이후에 공룡 같은 파충류, 쥐만 한 크기의 포유류가 살아갈 수 있는 빈틈이 생겨난 것이다.

오늘날에도 맨틀 위에 떠 있는 불완전한 대륙은 끊임없이 움직이고 있다. 미래의 지구에 어떠한 변화가 생길지는 정확하게 예측하기 어렵다. 다만 과거 지구의 변화 과정을 통해 약 2억 5,000만 년 후에는 대륙이 다시 하나로 뭉친, 최후의 판게아라는 뜻의 초대륙 판게아 울티마Pangaea Ultima가 형성될 것이라고 추측할 뿐이다.

1부

중생대 트라이아스기

약 2억 5,190만 년에서부터 2억 130만 년 전까지

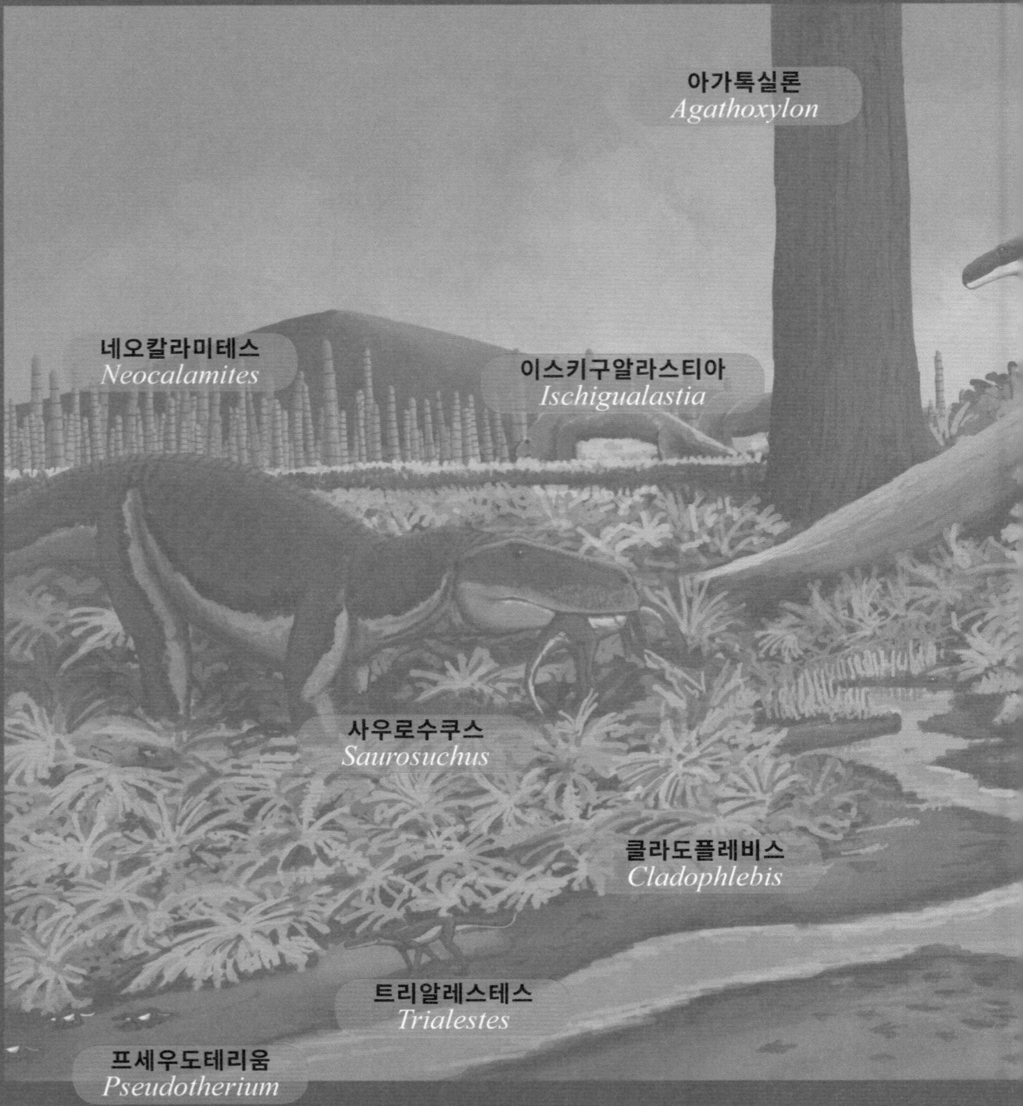

아가톡실론
Agathoxylon

네오칼라미테스
Neocalamites

이스키구알라스티아
Ischigualastia

사우로수쿠스
Saurosuchus

클라도플레비스
Cladophlebis

트리알레스테스
Trialestes

프세우도테리움
Pseudotherium

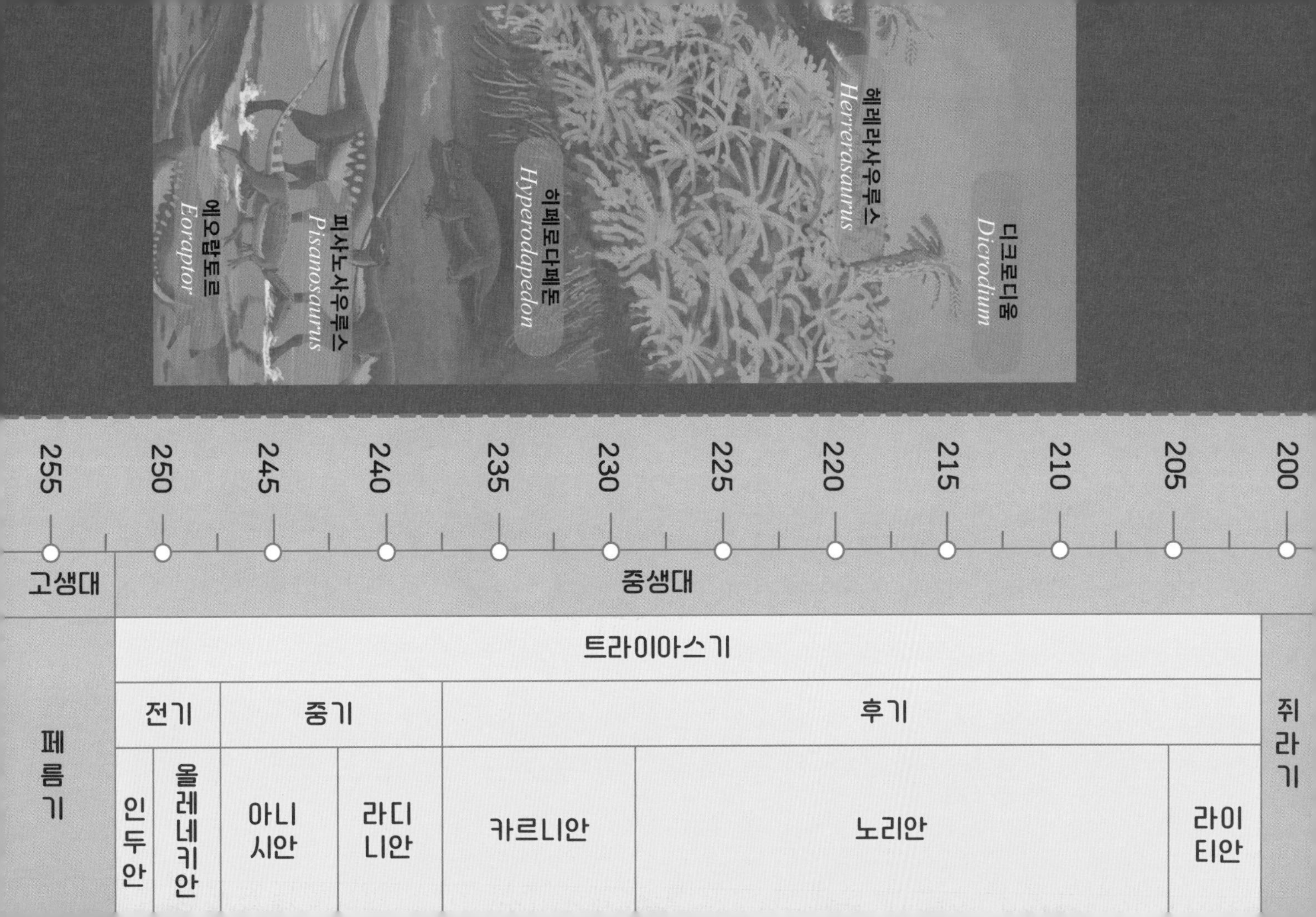

에오랍토르
Eoraptor
피사노사우루스
Pisanosaurus
히페로다페돈
Hyperodapedon
헤레라사우루스
Herrerasaurus
디크로디움
Dicrodium
255
250
245
240
235
230
225
220
215
210
205
200
고생대
중생대
페름기
트라이아스기
쥐라기
전기
중기
후기
인두안
올레네키안
아니시안
라디니안
카르니안
노리안
라이티안

1장

서서히 되살아나기 시작한 지구

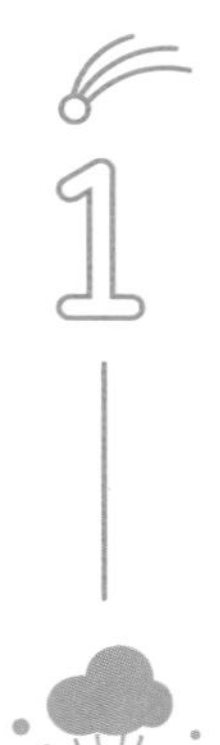

불모지에서 태어난 생명, 지의류

영원히 끝날 것 같지 않던 길고 긴 한 시대가 종말을 맞이했다. 해양 생물의 95퍼센트, 육지 생물의 70퍼센트가 죽어간 환경이 얼마나 참혹했을지 짐작조차 할 수 없다. 과학자들은 페름기 후기 대멸종 사건의 전말을 알아내기 위해 노력해왔다. 여전히 조각조각 남아 있는 화석과 암석의 지층에 남겨진 증거를 따라가며 조금씩 퍼즐을 맞춰나가고 있다.

페름기 후기 대멸종 이후 지구는 처음으로 되돌아간 듯 고요했다. 약 2억 5,190만 년 전 트라이아스기 전기로 돌아가 보자. 지구는 텅 빈 한 덩어리의 땅 판게아와 그 땅을 둘러싸고 있는 거대한 바다 판탈라사 그리고 테티스해로 이루어져 있었다.

지구는 모든 것을 토해낸 듯 광활하게 펼쳐진 땅 위에 거대한 암석들만 나뒹굴고, 형체도 알아볼 수 없는 타다 남은 잔해에서는 연기가 피어올랐다. 바다는 어떤 빛도 들어갈 수 없을 만큼 짙은 녹색으로 변했고 산소가 없었다. 바닷속에서 벌어졌을 처참한 광경은 상상하기조차 힘들다.

판게아는 적도를 중심으로 고위도와 저위도로 길게 뻗어 있는 하나의 거대 대륙으로, 계절적인 변화가 뚜렷하지 않았다. 다만 바다와 가까운 육지, 바다와 멀리 떨어져 있는 육지 사이에는 극심한 기온 차가 나타났다. 바다와 가까운 육지는 고온 다습하고 바다와 멀리 떨어진 육지는 매우 건조했다. 이로 인해 내륙에는 사막화 현상이 두드러지게 나타났다. 극지방은 아주 춥지는 않아서 지금처럼 빙하가 형성되지 않았고 빙하기도 없었다.

하늘은 수천에서 수백만 년 동안 이어진 수많은 화산 폭발 때문에 뿌연 먼지로 가득 찼다. 강렬한 태양 빛마저도 먼지층을 뚫지 못해 지구의 대기는 온통 칙칙한 회색이었다. 땅에는 시커먼 화산재로 덮인 돌들이 켜켜이 쌓여 있어 원래 흙의 색이 무엇인지 가늠하기 어려울 정도이다.

가뭄은 강물을 모두 삼켜버렸다. 거북 등딱지처럼 쩍쩍 갈라진 강바닥 위에는 누구 것인지 모를 뼈만 덩그러니 나뒹굴고 있다. 아마 습관처럼 물을 찾으러 온 동물들의 마지막 생명수가 있던 곳이 아니었을까.

트라이아스기 전기의 지구는 어느 곳에서도 생명의 흔적을 쉽게 볼 수 없었다. 만약 당시 지적 능력을 가진 생물이 있었다면 살아 있는 생물을 찾아다니며 하나하나 셀 수도 있었을 것이다.

갓 태어난 지구의 대기는 독가스로 가득했고, 바닷물의 온도는 섭씨 1,300도에 달했다. 아주 오랜 시간 불완전한 유전적 구조를 가진 단세포가 생겼다가 없어지기를 반복했다. 그러다가 고생대부터 생물 다양성이 높아지기 시작했고, 이에 따라 중생대 트라이아스 전기의 지구는 태초의 지구보다 더욱 다양한 생명체가 나타날 수 있는 조건이 좋았다.

이 시기 지구에서는 아직 드러나지 않은 생명의 씨앗들이 어딘가에서 긴 암흑의 시간을 보내며 다시 싹을 틔울 기회를 엿보고 있었다. 처절하게 죽음을 맞이한 동물 사체들이 생명을 탄생시키는 밑거름으로 사용되었으리라. 드디어 반가운 곰팡이가 보인다. 곰팡이는 사체의 양분을 먹으며 소리 없이 자라고 있다. 사체로부터 조금 떨어진 나무둥치 밑에서는 앙증맞은 버섯갓이 빼꼼히 고개를 들고 있다. 곰팡이와 버섯 같은 균류는 스스로 살아가는 데 필요한 양분을 만들 수 없는 미생물이다. 균류에게 동물 사체는 최고의 영양 공급원이다. 끝없이 널부러져 있는 사체들 속에서 살고자 하는 소리 없는 요동, 생명의 씨앗이 꿈틀대고 있었다.

트라이아스기 전기부터 중기까지 지구는 약 1,400만 년 동안 끊임없이 일어난 화산 활동 때문에 대기가 이산화탄소로 가득 찼다. 판게아의 여름은 섭씨 60도에 육박하는 무더위가 이어졌으며, 겨울은 춥고 건조했다. 그러던 트라이아스기의 어느 날부터 비가 내리기 시작했다. 거의 1,000만 년 이상 가물어 있던 땅에는 생명의 단비였다. 하지만 당시 지구는 그 무엇도 쉽게 넘어가지 않았다. 금세 그칠 줄 알았던 비는 지구 스스로 꽉 막혀 있었던 무엇인가를 토해내듯 약 200만 년 동안 내렸다. 좀처럼 끝날 것 같지 않은 폭우가 끝나고, 지구가 햇빛을 못 본 지 수백만 년이 흐른 뒤 차츰 땅 위로 하늘빛이 내려앉기 시작했다.

살아남은 균류에게는 비상이었다. 오랜 비는 사체를 모두 분해시키기에 충분했으며, 사체가 없으면 균류의 생존을 보장할 수 없기 때문이다. 균류는 스스로 영양분을 만들 수 없다. 뿌리, 줄기, 잎, 생식기관 등이 발달하지 못한 탓이다. 이들이 살아남기 위해서는 반드시 영양분을 만들어낼 수 있는 무언가와 만나야 한다. 그 주인공이 바로 조류다. 물속에 살면서 엽록소로 광합성을 하는 조류는 식물 세포의 소기관인 엽록체를 가지고 있다. 엽록체는 남조류에서 기원했다. 남조류는 약 38억 년 전 지구 태초의 바닷속에서 산소를 만든 가장 하등한 조류이다. 이 남조류가 켜켜이 쌓여 만들어진 화석을 스트로마톨라이트Stromatolite라고 하며, 오스트레일리아 서부 샤크만에서 볼 수 있다.

엽록체는 자신만의 DNA를 가지고 있어서 다른 세포 소기관과 다르게 독립성을 띠고 있다. DNA를 갖는다는 건 누군가에 의지하지 않아도 되는 나만의 정체성이 확실하다는 증거이다. 엽록체를 가진 식물은 무서울 것이 없다. 광합성이라는 자가발전이 가능해서 햇빛과 물, 공기만 있으면 어느 곳에서든 살아남을 수 있다.

엽록체를 가진 조류는 더 많은 햇빛에 노출될수록 좋다. 하지만 바다에서 온 생물이라서 육지의 건조함을 버텨내야 살 수 있다. 바닷속에만 있던 조류는 어느 날 밀물에 떠밀려 육지에 도달했다. 그중 정말 작은 한 가닥의 조류가 우연히 바닷가 근처 사체 안에서 숨죽이고 있던 균류와 맞닿았다. 조류와 균류의 우연한 만남은 지상 최대의 혁신적인 사건이 되었다.

둘이 만나 탄생한 생물이 지의류Lichens이다. 지의류는 조류와 균류가 만나 공동생활을 하는 공생생물이다. 조류는 엽록체를 통

나무에 붙은 지의류(왼쪽)와 돌에 붙은 지의류(오른쪽)

해 스스로 영양분을 만들 수 있는 능력을 가진 미생물이고, 균류는 추위, 더위, 가뭄 같은 최악의 기후 조건에서도 견딜 수 있는 힘을 가진 미생물이다. 이 둘이 만나면서 어느 장소든 어느 팍팍한 환경이든 견뎌낼 수 있는 천하무적 생물이 되었다. 지금도 전 세계 어디에서나 볼 수 있다.

지의류가 탄생한 순간, 저 멀리 바닷가 근처 자그마한 물웅덩이 주위에 있는 회색 바위 사이를 비집고 나오는 초록빛이 보인다. 작디 작은 식물이 서서히 모습을 드러내기 시작했다. 고생대부터 존재했던 식물들로, 험한 지구 환경에서 포자가 다시 싹을 틔울 수 있을 때까지 숨죽여 기다렸을 것이다.

2 바닷가 근처에 터를 잡은 석송류

식물은 번식 방법에 따라 포자식물과 종자식물로 나뉜다. 포자식물은 포자(홀씨)로 번식하는 식물이고, 종자식물은 씨앗을 만들어 번식하는 식물이다. 포자식물이 먼저 등장한 다음 종자식물이 등장했다.

식물체는 아주 단순해 보이지만, 고등식물일수록 잘 분화된 조직계를 가지고 있다. 식물 조직계는 크게 표피계, 관다발 조직계, 기본 조직계로 이루어져 있다. 이 중 관다발 조직계는 물이나 영양분 같은 물질이 쉽게 이동하도록 돕고, 식물체를 지탱해주는 기능을 한다. 관다발 조직계는 뿌리, 줄기, 잎으로 물이 이동하는 통로인 물관부와 영양분이 이동하는 통로인 체관부로 이루어져 있다. 식물을 관다발 조직계가 있느냐 없느냐에 따라서 관다발이 발달된 관속식물과 관다발이 없는 무관속식물로 분류하기도 한다.

포자식물 중에는 유일하게 양치식물문만이 관속식물에 해당하고, 지의류나 이끼류 같은 선태식물과 조류는 무관속식물에 해당한다. 이끼류와 조류 등 하등식물은 관다발이 없는 대신 몸체의 고착을 도와주는 헛뿌리를 통해 영양분과 물을 온몸으로 흡수한다. 관속식물은 어느 곳에서든 뿌리를 고착시킬 수 있는 환경만 된다면, 뿌리가 튼튼한 지지대 역할을 할 뿐만 아니라 물을 흡수하고 광합성을 통해 영양분을 만들어낼 수 있으므로 적응력이 뛰어나다. 반면 무관속식물은 스스로 물을 끌어올릴 수 있는 뿌리, 물과 영양분을 이동시킬 수 있는 통로가 없으므로 물이 없는 곳에서는 살아남을 수 없다.

까마득한 옛날, 지구의 대기에 산소가 막 등장했을 즈음 관다발이 없고 포자로 번식하는 하등식물이 작은 물웅덩이를 찾아 육지로 진출해 대기 중 산소 농도를 올렸다. 그 후 종자로 번식하고 물과 영양분을 이동시킬 수 있는 조직을 발달시킨 고등식물이 차츰 땅을 뒤덮게 되었다.

포자로 번식하는 식물은 많은 조건이 필요 없다. 이들은 번식할 수 있는 최소한의 환경, 즉 물기만 있다면 불사신처럼 되살아난다. 양치식물문에 속하는 석송류Lycopodiopsida가 다시 고개를 들기 시작했다.

석송은 지금도 우리 주변에서 쉽게 볼 수 있다. 그늘지고 습한 곳을 선호하는 석송은 주로 바위틈이나 산기슭에 산다. 여러해살이풀로, 잎은 3~7밀리미터의 소나무잎 같은 선형이며 끝은 실처럼

현생 석송

가늘어진다. 홀씨가 달리는 포자엽은 긴 타원형에 노란색을 띤다. 포자를 만들어 싸고 있는 포자낭은 2~6센티미터로 긴 자루의 끝에 3~6개씩 붙어 있다.

트라이아스기 전기에는 여러 가지 석송류 중에서도 플레우로메이아*Pleuromeia*가 우점종이었다. 우점종이란 특정 시기에 수가 많아지거나 세력이 커져 지배적인 비중을 차지하는 어떤 종을 말한다. 척박한 환경에서는 물을 다룰 수 있는 생물이 가장 빨리 소생해 최적의 장소를 차지한다. 육지는 아직까지 메말라 있으니 바다의 짠물을 이용할 수밖에. 플레우로메이아는 바닷가의 모래땅이나 갯벌처럼 염분이 많은 토양에서 자라는 염생식물이다. 현생 염생식물처럼 플레우로메이아도 염분을 제거한 물을 저장하는 저수 조직이 발달했다. 플레우로메이아는 바닷물에서 염분을 걸러내어 깨끗한 물만 조직에 저장하는 시스템을 갖춤으로써 살아갈 수 있는 장소가 아주 방대해졌다. 반건조 지역에서부터 밀물과 썰물이 드나드는 갯벌에 이르기까지 적응의 귀재가 된 것이다.

플레우로메이아는 살았던 환경에 따라 생김새가 제각각이었다. 어떤 플레우로메이아는 현생 석송처럼 작달막한 잔디같이 보이고, 어떤 플레우로메이아는 야자식물처럼 우뚝 서서 마치 자신이 최고라는 듯 당당한 자태를 뽐내기도 했다. 생김새는 달라도 유전자를 퍼트리는 방법은 같았다. 플레우로메이아는 줄기의 가장 윗부분에 파인애플처럼 생긴 소포자엽을 가지고 있는데, 여기에는 수많은 작은 포자낭이 겹겹이 쌓여 있다. 바람이 부는 어느 좋은 날이면 소포자엽의 포자낭이 갈라지면서 속에 있던 포자가 바람을 따라 세상 어디로든 날아갔을 것이다.

소포자엽 개수도 플레우로메이아마다 달랐다. 긴 줄기 끝에 소포자엽을 하나만 가지고 있는 종도 있고, 굵고 긴 줄기 끝에 두 개에서 세 개가 달려 있는 종도 있다. 뿌리에는 감자 모양의 구근이 두 개나 네 개가 서로 붙어 있고, 그 원뿌리를 중심으로 가느다란 잔뿌리가 땅속 사방으로 뻗어나가 물을 끌어모았다. 마치 수맥을 찾아가는 수맥봉처럼 말이다.

식물이 서서히 살아난다는 것은 동물이 살 수 있는 터전이 만들어진다는 뜻이다. 페름기 후기 대멸종을 겪고도 멸종하지 않은 동물이 있었다. 트라이아스기 전기 지층에서 발굴되는 화석 중 95퍼센트가 리스트로사우루스이다. 리스트로사우루스는 현생 포유류의 조상 격인 동물로, 플레우로메이아를 먹고 살았던 초식성 동물이다. 화석을 통해 복원한 이미지만 보면 육식을 하는 파충류처럼 생겼다. 그런데 리스트로사우루스 화석을 살펴보면 파충류보다 포유류의 두개골 구조와 더 가깝다는 것을 알 수 있다.

리스트로사우루스는 페름기 후기 대멸종에서 어떻게 살아남았을까? 지금까지 발굴된 화석으로 알 수 있는 리스트로사우루스는

리스트로사우루스 게오르기의 골격

현생 멧돼지 정도의 크기이며, 관절 구조상 현생 악어처럼 걸었다고 추측한다. 특히 짧은 주둥이 앞부분은 앵무새 부리처럼 딱딱한 각질로 덮여 있으며, 커다란 송곳니가 양 옆으로 나 있다. 주둥이 안에는 이빨이 없는 걸로 보아 육식은 꿈조차 꾸지 못했을 것이다.

척추고생물학자들이 내놓은 리스트로사우루스가 살아남은 이유 중 하나가 비슷한 시기에 이들의 먹잇감이 되는 식물이 되살아났기 때문이라는 가설이다. 리스트로사우루스는 플레우로메이아가 자라는 곳이면 어디든 찾아가 그들의 자손을 퍼트렸을 것이다.

리스트로사우루스 화석은 트라이아스기 전기 이후의 지층에서는 나오지 않고 있다. 다시 말해 페름기 후기 대멸종에서도 살아남은 이들은 트라이아스기 전기를 기점으로 멸종한 것으로 보고 있다.

3 저지대 적응에 성공한 양치식물

고사리류, 석송류, 속새류를 통틀어 양치식물이라고 한다. 이들은 포자 번식을 하지만 관다발식물에 해당한다. 물과 영양분이 이동하는 통로가 발달되어 있다는 뜻이다. 양치식물이 살아남기 위해서는 적당한 온도, 빛, 수분이 필요하다. 습기가 많은 땅에 떨어진 포자는 발아하여 실 모양의 원사체가 되었다가 마지막에는 하트 모양의 전엽체가 된다. 전엽체는 정자를 생산하는 장정기와 난자를 생산하는 장란기를 만든다. 여기서 만들어진 정자와 난자가 습도와 온도가 적당한 곳에서 수정되어 자라면 어린 고사리가 된다.

트라이아스기 중기 무렵 바다와 거리가 먼 적도 부근의 대륙은 여전히 건조한 사막이었다. 바람도 닿지 않을 것만 같은 사막 한가운데에 생물이 살긴 했을까? 다양한 식물이 살고 있는 전혀 다른 모습의 땅도 보인다. 테티스해와 가까운 육지 곳곳에는 넓게 펼쳐진 삼각주가 만들어진 덕분에 수많은 생물을 불러들이는 새로운 생명 탄생의 근원지가 되었다.

고생대부터 시작된 양치식물은 작고 약해 보이는 포자로 번식하는데, 이때 가장 중요한 것이 물이다. 물이 없으면 양치식물도 없다. 양치식물 중 크기가 큰 나무고사리Cyatheales와 소철류Cycadophytes도 저지대의 강과 하천에서 다른 식물보다 먼저 등장해 자리 잡고 있었다. 나무고사리는 잎 모양만 보면 현생 고사리와 매우 닮았다. 가장 큰 줄기는 나무 같은 목질로 되어 있으며, 어린잎

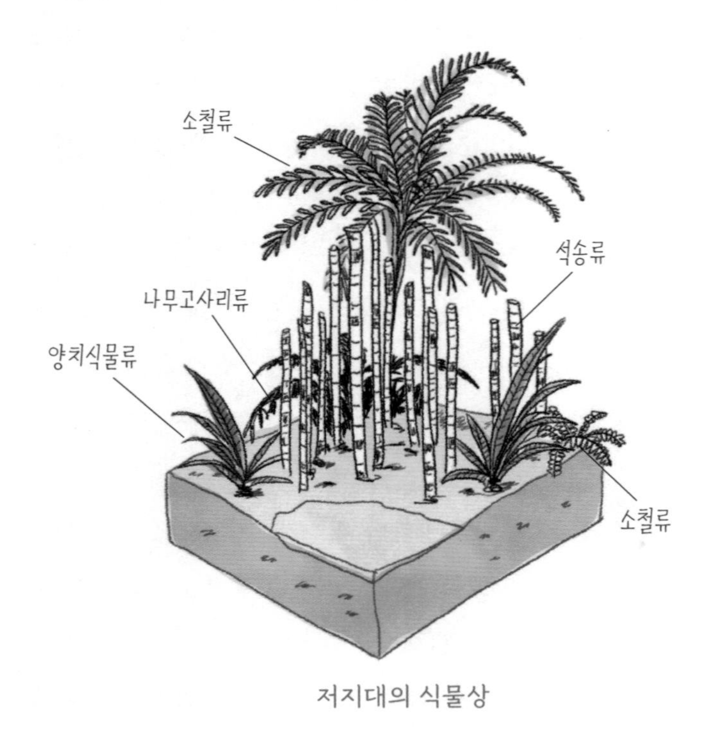

저지대의 식물상

도 현생 어린 고사리와 똑같이 생겼다.

고르도노프테리스 로리게*Gordonopteris lorigae*는 나무고사리 중 가장 처음 발굴된 화석종이다. 현생 고사리 가운데 개고사리와 같은 잎 구조를 가지고 있다. 잎 한 장의 길이가 유치원생 키만 하다. 이렇게까지 클 수 있었던 이유는 적당한 습기를 머금을 수 있는 최적의 조건을 갖추었기 때문이다. 커다란 나무고사리 잎을 보면 작은 깃털 모양의 낱잎들로 가득 차 있고, 작은 낱잎 뒷면에는 둥근 모양의 작은 포자낭이 다닥다닥 붙어 있다.

거의 비슷한 시기에 또 다른 종의 양치식물이 번성하고 있었다. 종자고사리이다. 종자고사리 역시 나무고사리가 살아가는 환경과 비슷한 곳을 선호했을 것이다. 다시 말해 종자고사리와 나무고사리는 서로 삶의 터전을 두고 경쟁하며 살았을 가능성이 크다. 자신만의 땅을 차지하고 포자를 퍼트리기 위해서 말이다. 제한된 구역에서 경쟁하다 보면 어느 한쪽이 밀려나기 마련이다. 그렇다면 나무고사리와 종자고사리 중 오늘날까지 살아남은 승자는 누구일까?

트라이아스기 전기 식물 중 아주 신기하게 생긴 화석 식물이 발굴되곤 한다. 종자고사리의 포자낭은 속씨식물에서만 볼 수 있는 꽃의 형태와 아주 비슷하다. 연구자들이 종자고사리를 처음 발굴했을 때 속씨식물의 조상이라고 생각했을 정도다.

대표적인 종자고사리류로 펠타스페름과Peltaspermaceae에 속하는 스키토필룸 베르게리*Scytophyllum bergeri*가 있다. 스키토필룸은 암그루(암꽃)와 수그루(수꽃) 각각 생식기관을 가지고 있다. 왜 이들은 다른 양치식물에서 볼 수 없는 꽃처럼 보이는 기관을 만들었을까? 곰곰이 생각해보면 식물이든 동물이든 자신의 유전자를 오랫동안 잘 퍼트리고 유지할 수 있는 방법을 선택하며 살아간다. 우연히 발생한 이 돌연변이 스키토필룸도 같은 서식지에 사는 다른 양치식물과의 경쟁에서 우위를 차지하기 위해 이러한 방법을 선택했을 것이다.

스키토필룸은 특이하게도 암그루인 펠타스퍼뮴 보르네만니*Peltaspermum bornemannii*와 수그루인 프테루쿠스 데지그니*Pteruchus dezignii*를 가지고 있다. 재미있게도 한 식물의 학명이 세 개나 된다. 흩어져 있는 화석을 발굴한 사람들이 모두 달랐고, 각자 발굴한 화석에 자신의 학명을 붙였기 때문이다. 잎, 줄기, 뿌리, 포자낭이 모두 이어져 있는 온전한 상태의 화석을 발굴하는 것은 로또 당첨보다 어렵다. 이후 발굴된 스키토필룸 화석들을 연구해보니 각각 다른 식물이라고 생각했던 이 식물은 하나의 식물이었다.

스키토필룸은 단단한 줄기를 중심으로 대략 15쌍의 잎이 지그재그로 붙어 있다. 잎은 현생 강아지풀의 잎처럼 생겼다. 가장 긴 잎은 약 18센티미터이며, 너비는 약 3센티미터로 가늘다. 햇빛은 이들이 살아가는 데 아주 중요한 요소였다. 식물의 잎 모양은 받아들이는 햇빛 양에 따라 조금씩 형태가 달라진다. 그래서 스키토필

스키토필룸 베르게리

룸의 맨 꼭대기 잎은 작고 둥글며, 아래쪽의 다 자란 잎은 가장자리가 뒤로 휘어져 있다.

암그루의 지름은 15~25밀리미터 정도이고, 작은 원 모양이다. 암그루의 가운데 부분은 아주 살짝 들어가 있으며, 우산 살대처럼 생긴 15개에서 16개의 단단한 지지대로 꽃잎 같은 구조를 지탱하고 있다. 이 모습이 마치 꽃처럼 보여 속씨식물일지도 모른다는 가설이 나온 것이다. 암그루의 뒷부분은 더욱 신비롭다. 해바라기씨처럼 생긴 통통하고 길쭉한 작은 포자낭들이 단단한 껍데기에 싸여 암그루의 뒷면 가장자리에 조롱조롱 매달려 있다. 포자낭 개수는 다 다르지만, 대략 20개에서 40개가 붙어 있다. 씨앗이 성숙해지면 껍데기에서 튕겨 나와 사방으로 퍼졌을 것이다. 봉숭아씨가 톡 하고 터지듯이.

수그루는 속씨식물의 수술 역할을 하는 소포자엽을 가지고 있는데, 역시 잎의 뒷면에 나란히 달려 있다.

스키토필룸은 암그루와 수그루를 따로 만들면서까지 다양한 유전자를 가진 포자를 더욱 멀리 퍼트리려고 했다. 살아남기 위해 최선을 다했으나 종자고사리는 결국 멸종했다. 지금도 살아 있는 나무고사리를 포함한 양치식물류는 아주 단순한 모습을 하고 있다. 나무고사리를 보면, 환경에 적응하며 멸종하지 않고 살아남다는 것은 복잡한 무엇인가가 있는 것처럼 보이지만 그렇지만도 않다. 단순 명료하고 끈질긴 생명력만 있으면 되는 게 아닐까.

이탈리아에서 발굴된 스키토필룸 화석은 재미있는 이야기를 들려준다. 화석의 잎들을 정밀하게 조사해보니 잎 가장자리에 누군가 긁어 먹은 흔적이 있었다. 어떤 화석에서는 현생 굴나방 애벌레들의 습성처럼 잎 전체에는 굴을 파고 기어 다닌 흔적이, 잎 중간 부분에는 둥글게 파먹은 구멍의 흔적이, 줄기 부분에는 둥근 알을 낳은 듯한 흔적이 여기저기 남아 있었다. 누가 이런 흔적을 남겼는지는 확실하지 않다.

또 다른 지역에선 같은 시대의 곤충 화석이 발굴되었다. 원시 진딧물, 딱정벌레류, 메뚜기류, 노린재류, 매미류, 전갈류 등 다양한 절지동물 화석도 발굴되었다. 이 화석들은 식물과 함께 살아가는 곤충과 절지동물이 있었다는 사실을 알려주는 명확한 증거이다.

곤충학자는 곤충이 좋아하는 기주식물과 함께 곤충을 연구하기도 한다. 곤충의 먹이, 서식지, 알을 낳는 방법, 성충이 되는 과정 등 생태적 측면에 대해 많은 정보를 얻을 수 있기 때문이다. 잠시 곤충학자가 되어 스키토필룸을 비롯해 기주식물과 함께 살아가는 곤충의 생활을 슬쩍 엿보자.

한없이 따스한 어느 날, 적당한 습기를 머금고 있는 한적한 곳. 스키토필룸 베르게리의 길고 넓적한 잎 가장자리에 딱정벌레 한 마리가 요란한 날갯짓을 하며 날아든다. 어디서부터 날아왔는지 몰라도 먹이를 찾아 헤메다 왔을 것이다. 녀석은 잎의 여기저기를 더듬이로 찔러보더니 한쪽 가장자리 잎부터 갉아 먹기 시작한다. 잎 하나를 통째로 다 먹어 치울 요량으로 계속 오물거리고 있다. 맛이 꽤 좋은가 보다.

또 다른 이파리가 출렁거린다. 대가리를 힘껏 숙여 잎을 먹던 녀석은 순간 경계라도 하듯 더듬이를 쭉 뻗어본다. 잠시 후 다시 개의치 않고 한참을 먹더니 딱딱한 등딱지 밑의 하늘하늘한 날개를 펼쳐 홀연히 날아가 버린다.

뒤이어 찾아온 작은 암컷은 잎에 작은 구멍을 낸 다음 그 사이를 파고든다. 길고 뾰족한 산란관을 잎 사이로 주사를 놓듯이 디밀고선 알을 낳고 날아간다. 어미에게는 잎에 알을 낳는 것이 몸에 밴 오랜 습성이자, 알을 보호하고 그 알이 태어나 잠시 애벌레로 살 수 있는 최적의 장소를 마련해주는 것일 게다.

척박한 환경과 불안정한 대기 속에서 곤충을 포함한 다양한 동물과 수많은 식물이 멸종의 대환란을 비켜가지 못했다. 그럼에도 멸종하지 않고 살아남은 종들은 다만 운이 좋았던 것일까, 그들만이 가진 고도의 생존 전략이 있었던 것일까.

고지대에 뿌리 내린 겉씨식물

트라이아스기 후기는 페름기 후기 대멸종의 원인이 된 200만 년간의 화산 폭발로 피폐해진 환경에서 차츰 벗어나기 시작한 시점이다. 지구는 다양한 생물체가 살아갈 수 있을 만큼 조금씩 안정화되어갔다. 극지방은 아직 빙하기가 시작되지 않았고, 지구의 기후는 강력한 대기순환으로 인해 여러 유형이 나타났다. 판게아 중심부는 1년 내내 건조해 사막 같은 지형이 많았고, 적도와 가까운 북반구의 로라시아 초대륙 동쪽과 남반구의 곤드와나 초대륙 해안가, 판게아의 서부 해안은 우기와 건기가 번갈아 왔다. 또한 북반구의 고위도는 편서풍과 편동풍이 불어서 따뜻했으며, 열대 지역은 여름에는 무덥고 비가 많이 오고, 겨울에는 춥고 건조한 몬순기후를 보였다.

지구의 기후가 다양해지자 남반구와 북반구의 식물상(특정 지역에 사는 식물 종류)에도 차이가 나타났다. 북반구 대륙에는 겉씨식물이 우점했고, 남반구 대륙에는 겉씨식물 중 소철류와 다양한 양치식물이 식물군(식물의 무리)의 주를 이루었다. 특히 겉씨식물은 고생대 석탄기에 등장해 페름기를 거쳐 중생대 쥐라기까지 번성한 식물군이다. 북반구의 겉씨식물인 침엽수는 끊임없이 성장해 중생대 전반에는 이들의 군락지가 절정에 달했다.

북반구 고지대에서 가장 먼저 눈에 띄는 식물은 키가 하늘을 찌를 듯이 솟은 볼치아*Voltzia*다. 솔방울과 비슷한 열매를 맺는 침엽수(구과식물)이다. 볼치아 씨앗은 여름에는 습하며 덥고, 겨울에는

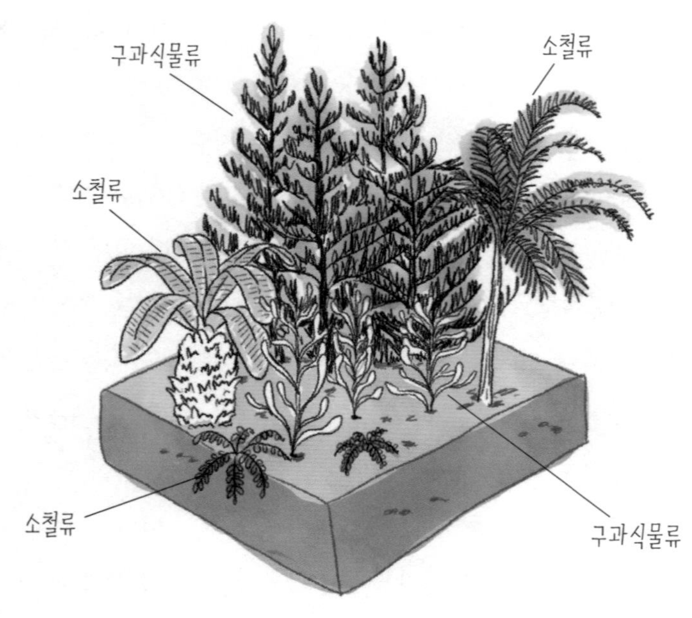

고지대의 식물상

건조하고 추운 기후에서도 끝까지 버텨내며 움트기 위해 준비하고 있었다. 이때쯤 남반구의 건조한 기후에서도 볼치아 같은 침엽수가 서서히 자리를 잡아가고 있었다. 볼치아는 현재 주로 남반구 지역에서 화석으로만 발굴된다. 회색빛이었던 지구는 식물의 성장 덕분에 서서히 초록빛으로 바뀌기 시작했다.

볼치아 돌로미티카*Voltzia dolomitica*는 온전한 형태의 화석으로 발굴된 종이다. 커다란 나무 몸통을 중심으로 많은 가지가 위로 쭉쭉 뻗어 올라가 태양에 닿을 듯이 자란다. 굵은 나무 몸통은 긴 세월의 흔적을 고스란히 담고 있다. 몸통을 감싸고 있는 나무껍질은 커다란 들짐승의 공격이라도 받은 것처럼 여기저기 마구 벗겨져 너덜너덜해졌다. 급격한 기온과 환경 변화에 잘 적응하며 자라고 있었다는 반증이다.

커다란 몸통과 대조적으로 가지를 덮고 있는 작고 앙증맞은 이파리는 그 끝이 둥근 삼각형으로 가늘고 길게 생겼다. 이들은 서로 다닥다닥 붙어서 나뭇가지를 감싸고 있다. 어른 손가락 길이만 한 수꽃은 가지 끝에 달려 있다. 수꽃에는 꽃가루를 담고 있는 뾰족한 마름모꼴의 소포자낭(홀씨주머니)이 촘촘히 박혀 있다. 작은 소포자낭은 조금만 바람이 불어도 날아갈 것처럼 사뿐히 놓여 있다. 암꽃은 수꽃보다 조금 더 크다. 더 많은 꽃가루를 받기 위해 커졌을 것이다. 암꽃의 소포자낭도 마름모꼴이지만 끝이 더 뾰족하고 길쭉하다. 수정이 이뤄지면 두툼한 원뿔형 열매를 맺는데, 그 안은 씨

볼치아 화석(왼쪽)과 아라우카리오실론 화석(오른쪽)

앗으로 가득 찬다. 나팔꽃 모양 날개를 가진 씨앗 껍질 하나하나는 날씨가 좋을 때 바람을 타고 멀리 날아가 적당한 곳에 내려앉을 것이다.

약간씩 차이는 있지만, 다양한 볼치아 종은 자기들만의 방식대로 영역을 확장해가며 지구의 땅을 뒤덮고 있었다. 이처럼 멸종하지 않고 살아남은 생명체들은 살아 있는 것 자체가 고통스러울 정도의 혹독한 환경에서도 끈질긴 생명력을 이어갔다.

아라우카리오실론*Araucarioxylon*은 고생대 페름기에서부터 트라이아스기 후기까지 존재한 침엽수이다. 북반구 대륙 전반에 걸쳐 서식했으며, 약 60미터 이상 자랐다. 세계 최대 규모인 미국 애리조나주 규화목 국립공원에는 이 나무의 화석들이 곳곳에 뒹굴고 있다. 규화목이란 나무의 줄기 부분이 화석화된 것을 말한다. 이산화규소를 함유한 지하수 등의 작용으로 땅속에 묻힌 나무가 단백석, 마노 같은 광물로 변한 것이다. 공원 여기저기에 쓰러져 있는 아름드리 아라우카리오실론 규화목은 당시 숲의 모습을 연상시키기에 충분하다.

이 식물종은 트라이아스기 후기에서 쥐라기로 넘어가는 시기에 발생한 대멸종의 피해를 입었다. 트라이아스기-쥐라기 대멸종의 원인으로 가장 유력한 가설은 화산 활동과 산맥을 만드는 조산운동이다. 이때 지구온난화로 극심한 폭우와 번개가 함께 나타났는데, 번개는 잦은 산불이 발생하는 원인이 되었을 것이다. 불안정해진 지구의 환경이 또다시 생태적 틈새를 만들었다.

2장

살아남기 위한 동물들의 처절한 몸부림

1 크기를 줄여야 사는 절지동물의 선택

아무것도 살지 못할 것만 같은 환경에서도 생명은 탄생하고 살아가고 진화하고 멸종한다. 이러한 사실은 화석을 통해 알 수 있다. 그저 돌처럼 보이기도 하지만, 화석은 수많은 정보를 담고 있다. 어떤 연구자는 화석을 '수다쟁이'라고까지 표현했다. 고생물학자들이 화석을 연구하는 이유는 고환경, 고지질, 고생태, 고기후 등 수많은 정보를 알 수 있는 중요한 고생물학적 자원이기 때문이다. 화석을 통해 알아낸 정보를 바탕으로 현재뿐만 아니라 미래에 지구가 어떻게 변화해갈지 유추할 수 있다.

고생대 육지는 석탄기부터 페름기까지 거대한 양치식물의 시대였다. 당시 대기는 산소 농도가 35퍼센트에 달할 정도로 높았고, 덥고 습한 날씨가 계속되었다. 덕분에 식물은 아주 높이 자랐다. 그 길이만 약 40미터에 달하는 석송류가 하구 습지 쪽에 빼곡히 자리

현생 속새와 속새의 포자낭

잡았고, 속새도 석송류의 틈새를 비집고 현생 속새와는 비교도 안 될 만큼 높이 자라고 있었다. 페름기 속새는 약 10미터 이상 자랐으나 현생 속새는 약 30~60센티미터밖에 되지 않는다. 속새는 적당한 습기가 있는 반그늘 상태에서 가장 잘 자라지만, 숲이 존재하는 한 어디에서든 살아갈 수 있는 강한 생존력을 가지고 있다. 현생 속새도 포자로 번식하며 줄기 끝에 약 6~10밀리미터 길이의 포자낭이 달려 있다.

고생대에는 절지동물도 거대했다. 무척추동물인 절지동물은 마디로 이루어진 다리를 가진 동물이다. 곤충류, 거미류, 갑각류,

게·새우류, 다지류, 협각류, 그리고 지금은 멸종한 삼엽충류 등이 있다. 숲에는 몸길이가 10미터가 넘는 다지류와 날개 길이가 70센티미터에 달하는 거대 잠자리도 살았다. 엄청나게 크고 울창한 숲은 곤충을 포함한 다양한 절지동물에게 먹이를 구하고 천적으로부터 몸을 피할 수 있는 서식지로 안성맞춤이었다.

고생대에 절지동물의 몸집이 거대해진 이유는 무엇일까? 대기 중 높은 산소량과 산소를 흡수하는 호흡 방법과 관련 있다. 절지동물은 배에 있는 기관계를 통해 호흡한다. 곤충의 호흡을 담당하는 기관계는 공기가 드나드는 출입구인 기문(숨구멍)과 기문 안쪽에 있는, 온몸으로 퍼져나가는 기관지로 구성되어 있다. 기문을 통해 들어온 산소는 기관지를 거쳐 근육 조직으로 직접 전달된다. 따라서 산소 농도가 높은 이 시기의 동물은 많은 양의 산소를 온몸으로 받아들여 그들의 몸집을 최대한 키울 수 있었다. 이들과 함께 먹잇감이 되는 동식물 역시 엄청난 크기로 자라 양질의 식량이 되었을 것이다.

고생대에 높은 산소 농도를 가진 대기 속에서 살았던 동식물은 페름기 후기 대멸종 시기에 급격하게 산소량이 줄면서 무산소 상태나 마찬가지인 현상을 겪었다. 결국 더 이상 호흡할 수 없는 지경에 빠지거나 생명을 유지할 수 있는 시간이 매우 짧아졌다.

지금까지 발굴된 화석들이 말해주듯 거대한 절지동물은 산소량이 급격히 줄어들자 큰 몸집을 유지하기 어려워지면서 멸종을 맞이했다. 반면 곤충을 포함한 작은 절지동물은 기관계를 통해 조금씩 천천히 들어오는 산소만으로도 충분히 생존할 수 있었다. 이러한 멸종과 생존 과정은 당시 환경적인 여건이 덩치가 큰 생물보다 작은 생물에게 더 유리했음을 말해준다. 생장 시기를 다르게 하는 방법도 작은 절지동물의 멸종을 막는 데 큰 역할을 했다.

곤충은 수많은 천적과의 먹이경쟁에서 살아남기 위해 각각 다른 생존 방식을 터득했다. 대부분의 곤충은 성장하면서 알, 애벌레, 번데기, 성충의 과정을 거치는 완전변태를 한다. 번데기 시기를 없애고 일찍 세상 밖으로 나오는 불완전변태를 하는 곤충도 있다. 대표적으로 잠자리, 메뚜기, 매미, 하루살이 등이 그렇다. 곤충마다 생장 시기를 다르게 하면 서로 먹이경쟁을 피할 수 있고, 천적도 피할 수 있다.

이 시기에 여러 절지동물이 살았다는 사실은 발굴되는 화석을 통해 알 수 있다. 절지동물 화석과 함께 발굴되는 다양한 동식물 화석은 당시의 생태적 환경을 유추하고 복원할 수 있는 중요한 자료가 된다.

깔때기거미류인 로사미갈레 그라우보겔리*Rosamygale grauvogeli*는 1992년 프랑스의 트라이아스기 중기 지층인 그레자볼치아에서 발굴되었다. 거미 화석이 발굴된 지층을 분석해보니 당시 이곳은 삼각주였으며, 약간의 초목이 둘러싼 염분이 섞인 연못으로 밝혀졌다. 같은 지층에서 전갈과 각종 곤충이 발견되었다. 이와 함께 연못에서는 조개와 비슷하지만 두 장의 패각 크기가 서로 다른 완족동물 링굴라*Lingula*, 조개, 새우, 어류 화석 등도 나왔다.

로사미갈레는 연못 근처에서 굴을 파고 살았다고 추측한다. 몸통과 다리는 갈색이며, 성체의 몸길이가 약 6밀리미터밖에 되지 않는 아주 작은 거미이다. 안타깝게도 로사미갈레는 트라이아스기에만 살다가 멸종하고 만다. 담수와 해수가 섞인 연못 근처는 이들이 계속 살 수 있을 만큼 안정적이지 않았다. 우기에는 연못과 삼각주에 물이 차올랐겠지만, 건기가 되면 연못과 삼각주도 사라지거나 아주 많이 줄었을 것이다. 로사미갈레에게 가장 중요한 물이 사라진다는 것은 자손을 퍼트릴 수 있는 안락한 삶의 터전을 잃어버리는 것이나 마찬가지이다. 이런 환경에서는 아무리 강한 생명력을 가진 개체라도 번식하며 계속 살아가기에 한계가 있다.

모든 생명체는 그들이 살아갈 수 있는 환경에 적응하고 번식해 나간다. 지금은 볼 수 없는 멸종한 생물은 그들이 변화하는 환경에 적응하지 못했으며, 스스로 변화를 모색하지 못했다는 반증이기도 하다.

트라이아스기에 새롭게 등장한 곤충, 딱정벌레

미국 유타주 남쪽의 트라이아스기 후기 지층에서 곤충의 번데기 시기가 고스란히 담긴, 구과식물 나무 화석이 발굴되었다. 화석화된 나무의 몸통을 들여다보니 작은 구멍들이 나 있고, 이 구멍과 연결된 바로 아래쪽에 수직 구조로 된 번데기 방 여러 개가 나란히 있었다. 번데기 방의 크기는 채 1센티미터가 안 된다. 비어 있는 번데기 방도 많았다. 번데기에서 성충이 되어 작은 구멍을 빠져나온 것으로 추측한다. 번데기의 주인공은 원시딱정벌레목 곰보벌레과의 실로크리프타 두로씨 *Xylokrypta durossi*이다. 이들은 다행히 거친 환경에서도 살아남아 번식까지 했다.

트라이아스기에 딱정벌레가 처음 등장했다는 사실을 알려주는 또 다른 화석도 있다. 폴란드의 트라이아스기 후기 지층 카르니아기에서 발굴된 트리아믹사 코프로리티카*Triamyxa coprolithica*는 식균아목 딱정벌레과에 해당하는 곤충 화석이다. 이 화석은 우연히 파충류 실레사우루스*Silesaurus*의 분(똥)화석을 연구하는 과정에서 발견했다. 분화석에서 찾은 유일한 곤충 화석이다. 이곳은 실레사우루스가 먹이 활동을 했던 생활 공간이었을 것이다. 실레사우루스가 싼 똥이 아주 운 좋게 화석으로 남은 것이다. 분화석임에도 트리아믹사의 몸통, 배, 대가리, 더듬이, 다리 등이 아주 온전한 상태로 보존되어 있었다. 이 화석으로 트리아믹사는 1.5밀리미터의 매우 작은 곤충이라는 사실을 알 수 있다.

고생물학자들은 실레사우루스가 다른 동물이나 큰 곤충을 잡아먹던 중 우연히 트리아믹사가 입 안으로 들어왔다고 추측한다. 너무 작아서 소화되지 않은 채 온전한 상태로 배출되었다는 것이다. 트리아믹사 화석의 발굴은 호박 광물뿐만 아니라 분화석에서도 곤충 화석을 찾을 수 있다는 사실을 알려주었다는 점에서 큰 가치가 있다.

트리아믹사는 어떤 환경에서 어떤 동물과 함께 어떻게 살아갔을까?

저지대의 삼각주 근처에는 양치식물과 속새가 어느 새 땅을 한가득 메우고 있다. 고사리의 넓적하고 커다란 잎들 사이로 철퍼덕 하고 무엇인가가 떨어진다. 들여다보니 곤충과 풀을 먹으며 살아가는 공룡의 조상, 지배파충류이자 잡식성 동물인 실레사우루스 오폴렌시스*Silesaurus opolensis*의 똥이다.

잠시 후 똥 속에서 조그맣고 가느다란 다리가 쑥 삐져나오더니 물컹한 똥을 마구잡이로 파헤치고 어떤 녀석이 대가리를 쑥 내민다. 이 녀석은 대가리에 달린 가늘고 앙증맞은 한 쌍의 더듬이를 이리저리 흔들며 정신을 차리고 있다. 갑작스레 당한 탓에 이곳이 어딘지 알아보기 위해 연신 더듬이를 실룩샐룩 움직인다. 얼마 지나지 않아 안전함을 느꼈는지 똥이 묻은 여섯 개의 다리로 아등바등하면서 드디어 밖으로 빠져나온다. 딱딱한 등껍질을 가진 귀여운 트리아믹사 코프로리티카이다.

실레사우루스가 뿌린 똥 세례로 인해 어이없는 하루를 보냈지만, 실레사우루스의 위에서 소화되지 않았으니 얼마나 다행인가. 아마 저 똥 속에는 친구의 사체가 한가득 있을 것이다.

3 특이한 모습을 한 수수께끼 같은 동물

테티스해 근처는 온난 다습했고, 이곳저곳에는 강과 호수 그리고 늪과 연못으로 둘러싸인 습한 땅인 소택지가 많았다. 온갖 식물이 성장하기에 좋고, 식물 주위로 곤충, 양서류, 파충류가 모여들 수 있는 최적의 환경이다.

그래서인지 트라이아스기 중기에 들어서면서부터 특이한 모습을 한 동물들이 나타나기 시작했다. 페름기 후기 대멸종 때 가장 큰 타격을 입은 동물은 덩치가 컸기에 대형 육식성 파충류의 공백기라고 해도 과언이 아니다. 이 시기에 허허벌판을 돌아다니는 동물은 주로 초식성 단궁류Synapsida이며, 그나마 살아남은 동물 대부분은 작았다. 소규모의 육식성 파충류 무리도 아주 드물지만 보이기는 했다. 천적과 포식자가 대거 사라진 환경은 오히려 새로운 동물이 등장하고 진화하기에 아주 좋은 여건이 되었다.

파충류는 겉모습만 보면 모두 같아 보이지만, 두개골에 난 측두공(구멍)의 개수가 달라서 이것으로 종을 분류한다. 측두공은 위턱과 아래턱의 수많은 근육을 이어주는 역할을 한다.

다음 그림과 같이 공룡 같은 파충류는 두개골의 한쪽 측면에 두 개의 측두공을 가지고 있어 이궁류Diapsid로 분류한다. 같은 파충류지만 거북은 두개골에 측두공이 없는 무궁류Anapsid로 분류한다. 포유류는 두개골 한쪽 측면에 하나의 측두공만을 가지고 있어 단궁류에 속한다. 단궁류처럼 하나의 측두공을 가지고 있지만, 파충류에 속하는 수궁류의 일부가 나중에 포유류의 조상으로 진화한다. 이들을 포유류형 파충류라고 한다.

단궁류는 아래턱뼈가 여러 개의 뼈로 연결되어 있지만, 수궁류

이궁류
공룡, 새

무궁류
원시 파충류, 거북

단궁류
반룡류, 수궁류→포유류

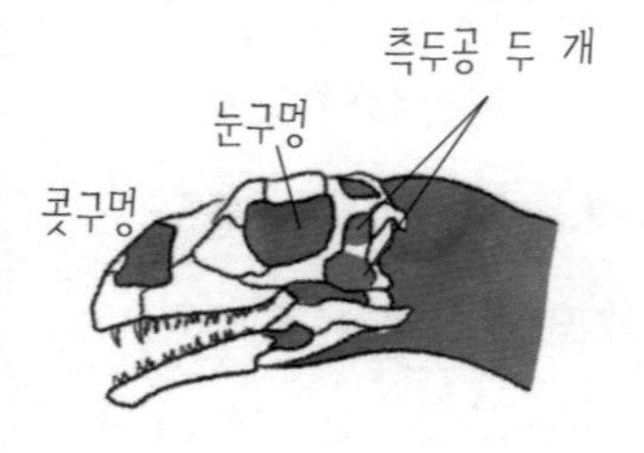

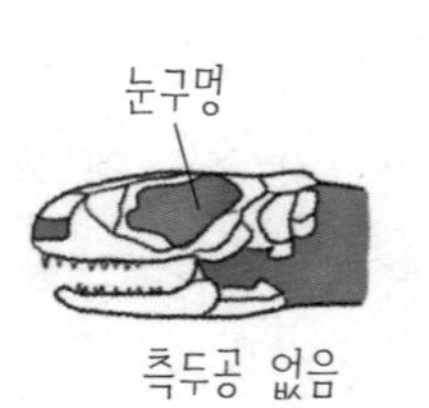

파충류

포유류

척추동물의 두개골에 난 측두공 구조

는 여러 개의 턱뼈가 서로 합쳐져 오늘날 포유류와 비슷한 턱 구조를 가지게 되었다. 조상이 다른 파충류(이궁류와 무궁류)와 포유류의 턱뼈는 귀의 고막과 연관 있다. 포유류는 아래턱이 생기면서 고막이 생겼고, 이궁류의 고막은 턱관절보다 위쪽에서 발생했기에 위턱과 연관 있다. 이는 발생생물학 측면을 다루는 연구자들이 고막과 중이의 진화 과정을 말할 때 결정적인 증거로 많이 사용한다.

여기서는 리스트로사우루스, 롱기스쿠스아마, 샤로빕테릭스를 통해 당시 수궁류와 파충류의 특징을 살펴보겠다. 리스트로사우루스는 페름기에서 트라이아스기 전기까지 살아남은 수궁류이고, 아주 흔해서 많은 화석이 발굴된 덕분에 수궁류의 특징을 잘 볼 수 있는 동물이다. 롱기스쿠스아마와 샤로빕테릭스는 리스트로사우루스와 함께 트라이아스기에만 살았던 파충류 가운데 모습이 특이한 개체이다.

트라이아스기 전기 지층에서만 발굴되는 초식성 동물 리스트로사우루스는 척삭동물문–단궁류–수궁류–아노모돈티아–디키노돈티아–리스트로사우루스과에 해당한다. 페름기 후기 대멸종에서 살아남은 수궁류로, 현생 포유류의 조상으로 알려져 있다. 그렇다고 해서 리스트로사우루스가 포유류의 모든 특징을 가지고 있지는 않았다.

롱기스쿠아마 인시그니스*Longisquama insignis*는 1965년에 처음 발굴된 트라이아스기 중기의 파충류 화석이다. 그런데 롱기스쿠아마

롱기스쿠스아마 인시그니스 화석

는 특이한 생김새 때문에 여전히 많은 논란이 되고 있다. 처음 화석이 발굴되었을 때는 등에 난 돌기가 새의 깃털처럼 보여서 파충류와 새를 이어줄 수 있는 동물이 아닐까 추측했다. 어떤 연구자는 등의 돌기가 롱기스쿠아마가 화석화되는 과정에서 우연히 함께 묻힌 기다란 식물 잔해라고 추측하기도 했다. 그러다가 이런 형태를 가진 두 번째 화석이 발굴됨으로써 더욱 깊이 있는 연구를 할 수 있게 되었다.

척추에 붙어 있는 부속지가 첫 번째 화석은 일곱 개이고 두 번째 화석은 다섯 개이며 마치 하키 스틱처럼 생겼다. 등의 돌기처럼 유기체의 몸 밖으로 돌출되거나 연장된 몸의 일부를 부속지라고 한다. 롱기스쿠아마의 부속지 내부에는 뼈가 없고, 피부가 확장되어 만들어진 것으로 보고 있다. 하지만 롱기스쿠아마의 부속지가 어떻게 형성됐는지, 부속지의 용도가 무엇인지는 여전히 미스테리로 남아 있다.

샤로빕테릭스 미라빌리스*Sharovipteryx mirabilis*도 롱기스쿠아마와 같은 시기에 같은 지층에서 발굴된 화석이다. 샤로빕테릭스는 화석의 크기가 약 25센티미터에 불과하며, 두개골은 1.9센티미터밖에 되지 않는 작은 파충류이다. 화석을 보면 익룡처럼 보이기도 한다. 앞다리는 짧고 뒷다리는 그보다 훨씬 길다. 몸통과 뒷다리, 꼬리 윗부분까지 이어진 날개막을 가지고 있다. 앞다리에는 이 날개막이 연결되어 있지 않아 날갯짓을 하는 용도는 아니었을 것이다. 다만 높은 나무 사이를 활강하면서 다닌 것으로 추측하고 있다.

샤로빕테릭스는 거대한 겉씨식물이 울창한 숲에서 살았다. 이들은 천적을 피해 나무 사이를 왔다 갔다하며 사냥하는 삶을 선택했을 것이다.

고지대의 숲에는 커다란 겉씨식물이 끝없이 위로 자라고 있다. 강 주변으로 낮게 자란 석송과 속새 등 양치식물이 땅을 가득 메우고 있다. 울창한 나무숲을 순간적으로 재빠르게 헤치고 들어가는 무언가가 보인다. 언뜻 보아서는 곤충이 날아간 것처럼 보인다.

녀석이 날아간 곳은 쓰러져 있는 커다란 나무 둥치였다. 몸길이는 30센티미터도 되지 않는다. 가늘고 긴 꼬리와 아주 작은 두개골, 앞다리에 비해 뒷다리가 훨씬 길어서 앉은 자세가 메뚜기처럼 보이기도 한다. 샤로빕테릭스 미라빌리스이다. 보호색과 작은 몸집 덕분에 나무둥치에 앉아 있어도 천적들이 쉽게 찾을 수 없다.

샤로빕테릭스가 이리저리 고개를 들고 사냥할 먹잇감을 찾고 있다. 숲 저편에서 갑자기 커다란 발자국 소리가 들린다. 샤로빕테릭스가 순간 뒷다리를 박차고 일어나더니 박쥐처럼 날아오른다. 뒷다리에 날개막이 달려 있다. 활공하듯 날아 다른 커다란 나무둥치에 자석처럼 착 달라붙으며 앉은 자세를 취한다. 샤로빕테릭스가 하늘을 활강할 때 삼각형의 패러글라이딩이 나는 것처럼 보인다.

작은 덩치에서 시작된 공룡의 조상

트라이아스기 후기의 적도 아래에 있는 남쪽 대륙에서는 계속 화산 활동이 일어나고 있었다. 엄청난 폭우가 내려 강이 넘쳐흐르면서 저지대 근처에는 어마어마한 양의 토사가 쌓여 범람원이 만들어졌다. 범람원을 중심으로 석송류 같은 다양한 양치식물과 속새를 포함한 겉씨식물이 퍼져나가기 시작했다. 이를 먹는 초식동물이 모여들자 초식동물을 잡아먹는 육식동물도 나타났다.

이런 곳에 지금까지 보지 못했던 동물이 등장한다. 파충류이다. 그런데 지금껏 보았던 파충류와는 다르게 생겼다. 악어 같은 파충류는 대부분 네 다리의 길이가 비슷하고 ㄱ자 형태로 꺾인 엉거주춤한 모습을 하고 있으며, 꼬리를 땅에 끌며 돌아다닌다. 두 눈은 양측면에 있다. 반면 이 낯설기 이를 데 없는 작은 파충류는 골반에서부터 곧게 쭉 뻗은 튼튼한 뒷다리, 뒷다리에 비해 짧아서 땅에 닿

악어의 다리 모양

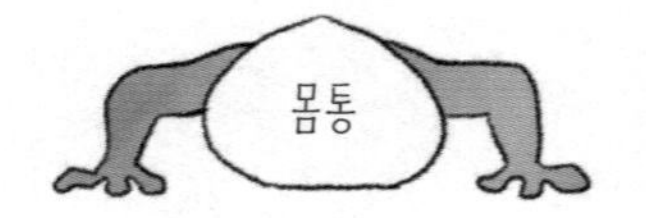

공룡의 다리 모양

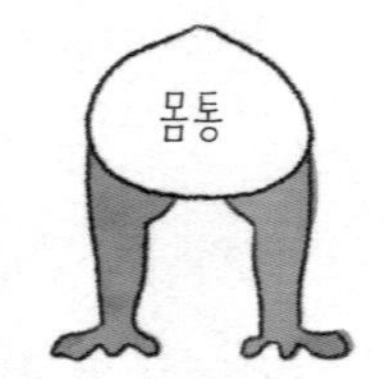

악어와 공룡의 다리 형태

지 않는 앞다리를 가지고 있다. 튼튼해 보이는 꼬리는 엉덩이와 비슷한 높이에 달려 있어 땅에 끌리지 않고 걷거나 달릴 수 있다. 두 눈은 정면을 응시할 수 있다. 바로 공룡의 조상이 등장한 것이다.

피사노사우루스*Pisanosaurus*, 헤레라사우루스*Herrerasaurus*, 에오랍토르*Eoraptor* 등 원시 공룡의 화석은 아르헨티나 라리호아주와 산후안주에 걸쳐 있는 달의 계곡에서 발굴되었다. 달의 계곡은 40미터에 달하는 구과식물과 양치식물, 속새류 화석도 함께 발굴된 덕분에 트라이아스기 후기의 환경, 각종 식물상과 동물상을 연구할 수 있는 최고의 장소이다.

피사노사우루스 화석은 1962년에 발굴되었다. 두개골 중 오른쪽 상악골과 하악골, 일곱 개의 척추, 견갑골 일부, 좌골, 치골, 장골의 일부분, 완벽한 대퇴골, 오른쪽 정강이뼈와 종아리뼈 일부, 발가락뼈 일부가 발굴되었다. 헤레라사우루스나 에오랍토르 화석과 비교하면 화석 형태가 불완전하고 발굴 개수가 적어서 피사노사우루스의 정확한 분류를 놓고 고생물학자 사이에서 40년 넘게 논쟁이 이어지고 있다.

헤레라사우루스 화석은 1988년에 거의 완전한 골격과 두개골이 발굴되었다. 또한 에오랍토르 화석은 1993년에 거의 완전한 화석이 발굴되었다. 상악골과 하악골에 이빨이 있는 두개골, 왼쪽 앞다리 골격과 다섯 개의 앞발가락 골격, 왼쪽 뒷다리 골격과 뒷발가락 골격, 골반 골격, 43개의 경추, 척추, 요추, 미추와 갈비뼈가 나왔다.

피사노사우루스, 헤레라사우루스, 에오랍토르의 화석이 같은 시대, 같은 장소에서 발굴되었다는 것은 이들이 하나의 공통 조상에서부터 시작되었음을 추측할 수 있는 단서이다. 오래된 화석으로 공룡의 종류를 명확하게 분류하는 일은 쉽지 않다. 그럼에도 수십 년 동안 연구를 거쳐 지금은 세 공룡을 용반목 공룡과 조반목 공룡의 골반 구조를 가진 원시 공룡으로 분류한다.

공룡은 골반 골격으로 분류한다. 골반 골격은 크게 좌골, 치골,

장골로 나뉜다. 용반목 공룡의 골반은 좌골과 치골이 ㅅ자 모양으로 벌어져 있고, 다시 용각아목과 수각아목 공룡으로 나뉜다.

조반목 공룡의 골반 골격은 새의 골반 골격과 비슷하며, 좌골과 치골이 꼬리 쪽으로 나란하게 배치되어 있다. 대부분 연구자는 초식성 공룡이라고 보지만, 일부 연구자는 잡식성 또는 육식성이었을 가능성도 있다고 본다. 조반목 공룡은 각각아목과 장순아목으로 분류한다. 각각아목은 다시 주식두하목과 조각하목으로 나뉜다. 이 중 주식두하목은 파키케팔로사우루스*Pachycephalosaurus* 같은 '두꺼운 두개골 도마뱀'으로 유명한 후두하목, 트리케라톱스*Triceratops* 같은 '얼굴에 뿔 도마뱀'이 속한 각룡하목으로 나뉜다. 에드몬토사우루스*Edmontosaurus*처럼 '오리 부리 주둥이 도마뱀'으로 불리는 공룡은 조각하목에 해당한다. 장순아목은 스테고사우루스*Stegosaurus*가 속한 검룡하목과 안킬로사우루스*Ankylosaurus*가 속한 곡룡하목, 그리고 스켈리도사우루스*Scelidosaurus*가 속해 있다.

헤레라사우루스와 에오랍토르는 골반 골격 구조에 따라 원시 용반목 공룡으로 분류한다. 이들은 중생대 쥐라기에 땅을 주름잡았던 브라키오사우루스*Brachiosaurus*, 디플로도쿠스*Diplodocus* 같은 목과 꼬리가 긴 용각아목 공룡과 알로사우루스*Allosaurus*, 티라노사우루스*Tyrannosaurus* 같은 거대한 수각아목 공룡으로 이어져왔다. 고생물학자 로드리고 뮐러와 마우리시오 가르시아가 2020년에 발표한 연구 결과에 따르면 피사노사우루스가 점차 분화하고 진화해 스테

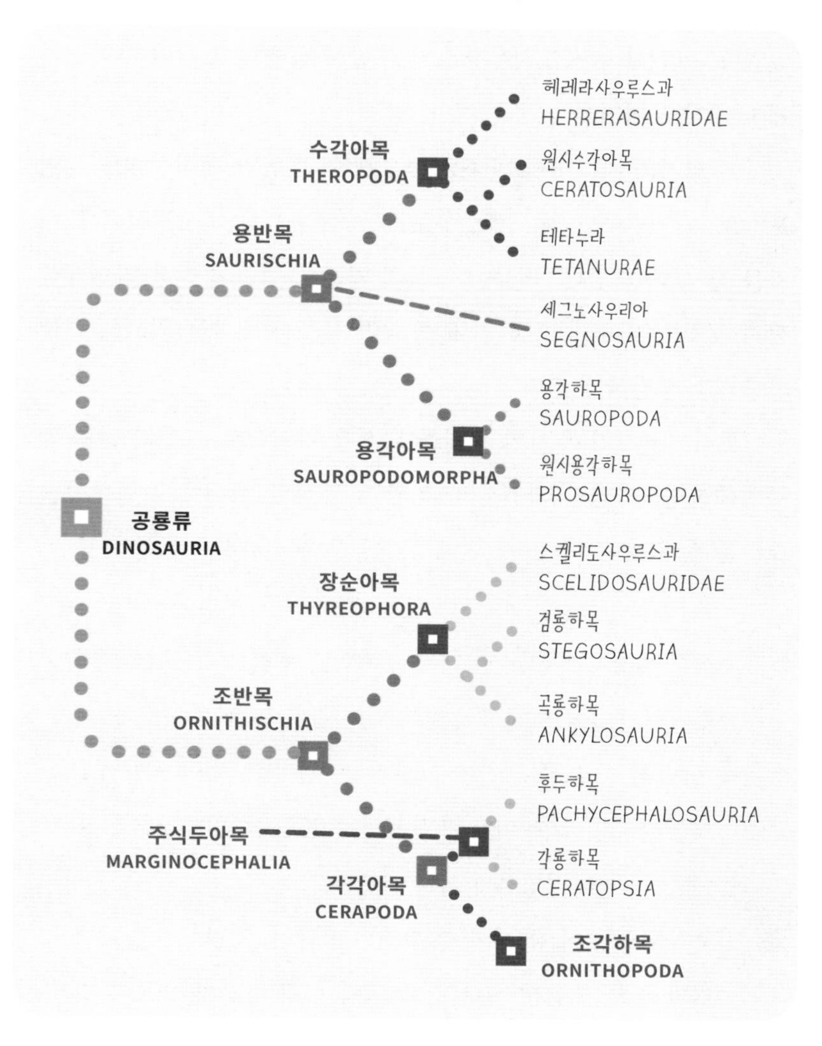
헤레라사우루스과
HERRERASAURIDAE
수각아목
THEROPODA
원시수각아목
CERATOSAURIA
용반목
SAURISCHIA
테타누라
TETANURAE
세그노사우리아
SEGNOSAURIA
용각하목
SAUROPODA
용각아목
SAUROPODOMORPHA
원시용각하목
PROSAUROPODA
공룡류
DINOSAURIA
스켈리도사우루스과
SCELIDOSAURIDAE
장순아목
THYREOPHORA
검룡하목
STEGOSAURIA
조반목
ORNITHISCHIA
곡룡하목
ANKYLOSAURIA
후두하목
PACHYCEPHALOSAURIA
주식두아목
MARGINOCEPHALIA
각룡하목
CERATOPSIA
각각아목
CERAPODA
조각하목
ORNITHOPODA

공룡의 분기도

고사우루스, 트리케라톱스, 안킬로사우루스 같은 조반목 공룡이 되었다. 그러나 피사노사우루스가 조반목 공룡의 조상인지 아닌지에 대해서도 여전히 논쟁 중이다.

이 시기의 자그마한 파충류는 오랜 기간 동안 육식성 파충류인 포스토수쿠스*Postosuchus*, 렙토수쿠스*Leptosuchus* 등 무시무시한 포식자를 잘 피해 다녔다. 더불어 녹록지 않은 환경과 수많은 자연재해까지 꿋꿋이 이겨내고, 마침내 중생대 땅을 지배하는 최고의 거대 파충류로 성장하게 된다.

트라이아스기 후기의 동식물 화석을 바탕으로 그들의 삶을 재구성해본다. 다양한 파충류와 식물이 등장한 생태계의 일부분을 그려볼 수 있을 것이다. 첫 번째 주인공은 헤레라사우루스이다.

초식성 파충류 린코사우르*Rhynchosaur* 한 무리가 강 주변을 어슬렁거리며 물을 마시고 주변에 있는 풀을 뜯어 먹고 있다. 이곳은 덩치 큰 파충류가 자주 등장하기에 먹이를 먹으면서도 경계를 늦추지 않고 아주 세심하게 주변을 살핀다. 긴장을 푸는 순간 그들의 먹잇감이 되기 때문이다.

린코사우르 무리 중 새끼 한 마리가 보인다. 호기심이 많은지 어미와 함께 물을 마시다 말고 강에 비친 물고기를 보고 따라 내려간다. 한참을 따라 내려가다 보니 어느 순간 무리가 눈에 들어오지 않는다. 저 멀리서 어미의 울음소리가 들린다. 새끼를 찾는 어미일 것이다. 새끼는 어미의 소리가 들리는 곳을 향해 짧은 다리로 열심히 달려간다. 하지만 이미 늦었다. 한참 전부터 커다란 나무둥치 뒤에서 새끼 린코사우르를 계속 노려보는 눈빛이 있었다. 이 녀석은 새끼가 달려가는 반대 방향을 향해 두 다리로 성큼성큼 달려와 길을 막아선다. 순식간에 새끼의 눈앞에 다다랐다. 일순간의 망설임도 없이 날카로운 이빨이 가득 찬 주둥이를 쩍 벌리고선 새끼 린코사우르의 목덜미를 단번에 물어버린다. 새끼 린코사우르는 짧은 비명을 지를 뿐 아무것도 할 수 없다. 주변에 있던 동물들이 일제히 소리가 나는 방향으로 고개를 든다. 잠시 후 축 늘어진 새끼를 입에 문 동물은 숲속으로 사라져버렸다. 사냥감을 물고 사라진 녀석은 헤레라사우루스이다.

두 번째 주인공은 에오랍토르, 이들은 어떻게 살았을까?

저 멀리서 풀을 뜯고 있는 또 한 녀석이 보인다. 가는 몸매에 길고 가늘게 쭉 뻗은 뒷다리와 짧은 앞다리, 뒤로 곧게 뻗은 긴 꼬리를 가지고 있다. 이 녀석은 정신없이 풀을 뜯다가 새끼 린코사우르의 짧은 울음소리를 들었다. 그 울음소리가 난 방향으로 몸을 돌려 달려간다. 그리고선 커다란 눈을 굴리며 여기저기 사방을 둘러본다. 혹시라도 다른 포식자가 주변에 있을지도 모르니 말이다.
풀을 뜯다 만 탓에 배가 고픈지 다른 먹잇감을 찾기 위해 강 주변을 살피며 돌아다닌다. 이 녀석의 눈에 물고기가 들어온다. 순간 대가리를 쭉 뻗어 물고기를 사냥하는 데 성공한다. 이 모습을 지켜보고 있던 다른 녀석이 쪼르르 달려와 물고기를 낚아채려 몸싸움을 벌인다. 물고기를 물고 있던 녀석과 뒤를 쫓는 녀석이 앞서거니 뒤서거니 하며 먹이 쟁탈전을 벌인다. 바로 에오랍토르들이다.

마지막 주인공은 피사노사우루스이다.

육식을 하는 공룡과 다르게 속새와 양치식물이 즐비하게 늘어선 어느 한적한 곳에서 두 다리가 곧게 선 파충류들이 사이좋게 풀을 먹고 있다. 덩치가 아주 작아서 자신의 몸이 쉽게 노출되는 장소에 종종 나타나곤 한다. 낮게 자란 양치식물을 뜯고 있던 녀석은 주변에서 들려오는 걸음 소리가 귀에 거슬리는 듯 자주 고개를 들어 먼발치를 응시하고 있다. 하지만 이내 다시 풀을 뜯어 먹기를 반복한다. 주변에 동료들이 함께 있어서인지 더 안심하는 듯 보인다.
갑자기 저벅저벅 발자국 소리가 가까이 들려온다. 다른 녀석들은 이미 먹는 걸 멈추고 가까운 숲을 향해 온힘을 다해 달려가고 있다. 조금 늦게 알아차린 한 마리만 우왕좌왕하며 어찌할 줄을 모른다. 커다란 사우로수쿠스*Saurosuchus*가 불쑥 튀어나오더니 커다란 주둥이를 쩍 벌린 채 공격 태세를 취하고 있다. 자기 덩치보다 한없이 커 보이는 사우로수쿠스의 등장에 이 작은 녀석은 옴짝달싹도 못 하고 있다. 뒤를 돌아 있는 힘껏 달려보지만 무리다. 몇 발자국 가지 못한 채 사우로수쿠스에게 뒷다리를 물렸다. 뒷다리를 물리는 것은 동물에게 아주 치명적이다. 피사노사우루스는 그 자리에서 사우로수쿠스의 먹잇감이 되고 만다.

진정한 포유류로 거듭나기 위한 여정

트라이아스기 후기에는 폭우가 내려 많은 범람원이 생겼다. 덥고 습한 여름, 건조하고 추운 겨울을 견디며 적응한 생물 덕분에 생태계는 서서히 되살아나고 있었다. 포유류도 마찬가지이다. 고생대 페름기에 번성한 단궁류 대부분은 멸종했지만, 그중 살아남은 단궁류 가운데 수궁류가 이곳에 터를 잡았다.

단궁류는 수궁류보다 상위에 있는 분류군이며 둘 다 두개골에 하나의 측두공을 가지고 있다. 측두공은 두개골과 턱 사이를 이어주는 근육이 지나가는 곳으로, 더욱 강한 힘으로 턱을 움직일 수 있도록 도와준다. 턱 힘이 강하다는 것은 사냥하거나 먹이를 먹을 때 그만큼 유리하다는 뜻이다. 두 개의 측두공을 가진 공룡은 이궁류에 속한다. 두 개의 측두공은 더 많은 근육으로 이어지므로 벌릴 수 있는 턱의 각도가 단궁류보다 컸을 것이다.

단궁류와 수궁류는 아래턱의 구조가 약간 다르다. 단궁류는 여러 조각의 뼈로 이루어진 아래턱을 가진 반면, 수궁류는 아래턱의 뼈들이 서로 결합되어가는 중간 형태를 보인다. 이후 수궁류는 좀 더 포유류에 가까운 키노돈트류Cynodontia로 진화하면서 여러 개의 턱뼈 중 이빨이 난 아래턱 하나만 남게 되었고, 나머지 턱뼈 중 일부는 청각 기관으로 발전한다.

키노돈트류는 같은 시기에 빠르게 번성하기 시작한 지배파충류Archosaur와 함께 살아가게 된다. 공룡의 조상이기도 한 지배파충류 대부분은 트라이아스기-쥐라기 대멸종으로 사라지지만, 일부가 살아남아 공룡, 익룡, 악어 등으로 진화한다. 지배파충류 아르코사우르에서 아르코Archo는 지도자, 통치자를 뜻하는 라틴어로, 즉 지도자 도마뱀이라는 뜻이다. 이들은 트라이아스기 전기가 끝나갈 무렵 등장했다. 두개골의 눈과 코 사이에 전안와창이라는 구멍이 있으며, 톱날 모양의 이빨을 가지고 있다. 지금까지 유일하게 살아남은 지배파충류에 해당하는 동물은 악어와 새이다. 지배파충류 중 비조류 공룡과 익룡, 악어의 먼 친척들은 멸종되었다.

키노돈트류는 새롭게 등장한 지배파충류에 의해 다시 멸종 위기를 맞기도 했지만, 활동 영역을 광범위하게 넓혀가며 약육강식의 세계에서 살아남았다. 이들은 살아남기 위해 악어처럼 걷는 다리 형태에서 몸통에서 바로 뻗어나오는 형태로 진화한다. 다리 형태가 달라지자 걷고 달릴 때 훨씬 효율적이고 민첩성까지 갖추게 되었다.

키노돈트류는 다리 형태 말고도 또 다른 강력한 생존 방식을 찾아냈다. 호흡과 관련된 기관의 진화이다. 더욱 많은 산소를 받아들이기 위해 먼저 주둥이가 길어졌고, 그다음 입천장 뒷부분이 확장되고 길어지면서 공기가 코를 통과하는 물리적 길이도 길어졌다. 이로 인해 호흡하는 동시에 먹이도 먹을 수 있는 방향으로 진화했다. 효율적으로 숨쉴 수 있는 구조가 되자 뇌로 들어가는 산소량도 증가했다. 또한 체온을 일정하게 유지할 수 있는 털을 가짐으로써 항온동물로 진화해갔다.

이러한 변화는 결코 동시다발적으로 일어나지 않는다. 오랜 시간 동안 아주 천천히 점진적으로 일어난다. 키노돈트류는 몸의 구조가 변화함에 따라 시간이 갈수록 막강한 생존력을 가지게 되었다. 하지만 이들도 어느 시점에서 육식을 하는 프로바이노그나티아Probainognathia와 초식을 하는 시노그나티아Cynognathia로 분화했다. 가장 큰 이유는 먹이경쟁이었다.

트라이아스기 후기에 프로바이노그나티아는 포유류와 비슷한 동물이라는 뜻을 가진 매멀리아폼스Mammaliaformes 동물군으로 분화한다. 드디어 진정한 포유류와 가까운 동물이 등장한 것이다. 이들은 야행성이며, 털이 난 작은 몸집에 작은 동물과 곤충을 잡아먹는 식충동물이다. 가장 잘 알려진 매멀리아폼스는 모르가누코돈*Morganucodon*이다.

모르가누코돈은 트라이아스기 후기에 등장해 쥐라기 중기까지 살았다. 몸길이는 약 10센티미터, 두개골의 길이는 약 2~3센티미터 정도로 현생 쥐와 비슷하다. 연구자들은 모르가누코돈 화석에서 털 손질을 위해 사용된 특수한 분비선이 있었다는 사실을 알아냈다. 현생 포유류처럼 털을 가지고 있었다는 증거이다. 덩치가 작은 동물들이 그렇듯 모르가누코돈도 거대한 포식자를 피하기 위해 낮에는 굴을 파고 지내다가 밤이 되면 활동을 시작하는 야행성 동물로 살았을 가능성이 높다.

모르가누코돈의 이빨은 모두 같은 모양을 가진 파충류와 다르게 현생 포유류처럼 위 이빨과 아래 이빨이 서로 잘 맞물리는 모양을 갖추었다. 화석을 연구해보니 새끼 때는 이빨이 없다가 성장하면서 유치가 나고, 성체가 되면서 영구치가 나는 2단계 치아 구조를 가지고 있는 것으로 확인되었다. 따라서 새끼 때 먹이와 성체 때 먹이가 다르다는 것을 추측할 수 있다. 아마도 새끼 때는 어미의 젖을 먹었을 것이다. 그러나 완전히 분리되지 않은 아래턱과 턱관절, 알을 낳았다는 증거로 보아 매멀리아폼스는 여전히 파충류의 특성도 가지고 있었다고 본다.

포유류의 직접 조상인 모르가누코돈이 살았던 당시 환경과 생활 습성은 어땠을까.

땅거미가 내려앉은 어느 날, 작은 움직임이 포착된다. 풀벌레의 울음소리와 함께 부스럭 부스럭 풀을 밟는 소리, 스으윽 스으윽 풀 사이를 지나가는 소리만 들릴 뿐 아무것도 보이지 않는다. 한참 후 갑자기 퍽 하는 소리가 들렸다. 무엇인가가 튀어올랐다 내려앉은 것 같다. 맞다! 온몸에 털이 보송보송 나 있는 어미 모르가누코돈이 해가 지기 전 먹잇감을 찾아 굴에서 올라온 것이다. 원래는 밤에 사냥을 하는 습성을 가지고 있지만, 새끼를 돌보느라 며칠을 굶은 모양새다. 그래서 오늘은 일찍 사냥을 나왔다.

첫 사냥은 실패다. 다시 작은 대가리를 들고 이리저리 무엇인가를 찾고 있다. 아무것도 보이지 않는다. 소리를 듣고 찾아가는 것일까? 청각이 매우 좋은 녀석인가 보다. 또다시 소리가 나는 쪽으로 움직이기 시작한다. 스으윽 스으윽, 조용한 움직임이 느껴진다. 어미는 몸을 살짝 들어올린다. 목표물을 확인하고 천천히 조금씩 앞으로 나아가다 순간 확 덮친다. 잡았다. 오늘은 비교적 수월하게 사냥에 성공했다. 운이 좋았다.

멀리서 작은 울음소리가 들린다. 찍찍찍, 이 녀석의 새끼들이다. 어미를 찾는다. 소리는 어미 모르가누코돈에게만 들리는 것이 아니다. 포식자들에게도 자신의 위치를 알리는 것과 마찬가지이다. 아, 큰일이다. 서둘러 새끼들이 있는 굴로 간다. 굴 근처에 있던 배고픈 테레스트리수쿠스*Terrestrisuchus*가 본능적으로 땅에 코를 박고 킁킁거리고 있다. 깊이 판다고 판 굴이 그만 너무 쉽게 드러나고 말았다. 길고 뾰족한 삼각형의 대가리를 굴속에 박고서는 연신 날카로운 이빨이 박힌 주둥이를 벌린다. 어미의 빠른 몸놀림에도 불구하고 늦었다. 테레스트리수쿠스의 입에 새끼의 뒷다리가 달랑달랑 매달려 있다.

3장

검은 그림자가 드리운 바다

1 숨 쉴 수 없는 바다

산소가 풍부했던 고생대 바다에는 작은 생물의 안식처인 뿔산호, 판상산호 등 다양한 산호초가 번성했다. 산호초에 달라붙어 완족류, 조개류 등도 함께 살았다. 먹이사슬의 가장 밑바탕이 되는 갈조류와 남조류는 작은 새우와 달팽이 같은 무척추동물의 안식처이자 좋은 먹잇감이 되었다. 그리고 이들을 잡아먹고 사는 바닷속 절지동물 삼엽충과 바다전갈, 연체동물 암모노이드류(앵무조개, 고니아타이트, 벨렘나이트 등), 플랑크톤을 먹는 극피동물 바다나리가 서로 공존하며 살아가고 있었다.

어류도 진화했다. 무악어류에서 턱이 발달한 유악어류로, 다시 연골어류와 경골어류로 분화와 진화를 거듭했다. 머리는 단단한 뼈 같은 골질성으로 덮여 있고, 몸통은 연골성 척추와 지느러미를 가진 판피어류 같은 독특한 모습을 한 어류도 살았던 시대이다. 이처럼 고생대 바다는 생물 다양성이 매우 풍부했으며, 어류의 진화

삼엽충 화석

가 일어났다. 그래서 고생대를 '어류의 시대'라고도 한다.

페름기 후기 대멸종은 그토록 풍성했던 바다의 생명체를 송두리째 앗아갔다. 해저에서 일어난 화산 활동으로 메탄이 분출되면서 바다는 독성물질로 가득 찼고, 무산소 상태가 되어버렸다. 오염된 바다는 가장 먼저 생명의 근원이 되었던 산호초를 집어삼켰다. 먹이사슬이 연쇄적으로 영향을 받으면서 무려 바다 생물의 95퍼센트가 멸종한다. 바다는 참혹하게 변했다. 산소가 없는 바다는 점점 짙은 녹색으로 바뀌고, 바닷속에서 죽은 어류와 해양 파충류의 사체가 연신 위로 떠올라 수면을 가득 메웠다. 사체가 바다를 뒤덮으면서 썩은 냄새가 진동했다.

바닷속 산호초는 페름기 후기에서 트라이아스기 전기까지 약 700~800만 년 동안 사라졌다. 산호초가 되살아나지 못한다는 것은 여전히 바닷속 산소가 희박하다는 의미이다. 이렇게 심각했던 해양 생태계가 트라이아스기 중기부터 조금씩 회복의 길로 들어선다. 해안 저지대 삼각주 주변의 얕은 바다에 작은 조기어류, 새우, 가재 등이 다시 모습을 드러내기 시작했다. 바다에 약간이나마 산소가 공급되면서부터 산호초도 되살아난 것이다.

폴 위그널은 영국 리즈대학교의 교수이자 고생물학자이다. 그는 바다의 희생 동물과 생존 동물을 조사해 페름기 후기 대멸종에서 살아남은 동물의 중요한 특징을 알아냈다. 첫째 동물은 유공충(탄산칼슘이나 유기질로 만들어진 단단한 껍질을 가진 단세포 원생생물), 완족동물, 아주 작은 소형 갑각류인 패충류 등 저산소 조건에서 살 수 있는 능력을 갖췄다. 둘째 생존한 육지 동물과 어류는 모두 작은 종이다. 두 가지 특징을 종합해보면 먹이나 산소가 많이 필요하지 않은 생명체만이 저산소 상태의 바다에서 견디고 살아남았다.

다시 약 1,000만 년이 흘러 트라이아스기 후기 테티스해 근처 얕은 바다에서 보지 못했던 생물이 등장한다. 중생대 대표종인 암

단세포 원생생물 유공충

모나이트Ammonite이다. 상어 같은 연골어류도 보이기 시작했다. 떼지어 다니는 작은 경골어류를 잡아먹기 위해 덩치 큰 해양 파충류 노토사우루스*Nothosaurus*도 유유자적 다녔다. 특히 작은 경골어류는 트라이아스기 후기에 다양하게 분화되면서 개체 수뿐만 아니라 종 다양성까지 최고조에 이를 정도로 풍부해졌다. 마침내 텅 비었던 바다가 다시 새로운 생물로 채워지기 시작했다.

중생대 쥐라기의 시작은 트라이아스기의 종말을 의미한다. 중앙 대서양 마그마 지역Central Atlantic Magmatic Province, CAMP은 지구 최대의 화성암 지역이다. 면적이 약 1,100만제곱킬로미터에 달한다. 이 지역은 지구에 대규모 화산 활동과 조산운동이 일어났다는 것을 알려주는 지표이다. 전 지구적인 화산 활동과 조산운동은 약 2억 100만 년쯤에 일어났으며, 60만 년 동안 지속되었다. 과학자들은 이 현상이 트라이아스기-쥐라기 대멸종과 관련 있다고 본다. 이로 인해 해양과 육지 생물종의 약 76퍼센트가 멸종했고, 과 수준에서는 약 20퍼센트가 멸종했다. 한편 쥐라기 전기의 초대륙은 다시 로라시아 초대륙과 곤드와나 초대륙으로 분리되고 있었다.

헤레라의 도마뱀

헤레라사우루스

Herrerasaurus ischigualastensis

화석을 발견한 목장 주인의 이름에서 따왔다.

분류 척삭동물문—용반목—수각아목—헤레라사우루스과—헤레라사우루스속

식성 육식성

크기 몸길이 약 6미터, 몸무게 약 350킬로그램

특징 강력한 뒷다리에는 빠르게 달리는 데 유리한 다섯 개의 긴 발가락이 있다. 앞다리는 뒷다리 길이의 절반 정도밖에 되지 않으며, 1번과 5번 앞발가락은 다른 발가락보다 길이가 매우 짧다.
몸의 중심을 잡아주는 긴 꼬리를 가지고 있고, 주둥이에는 날카로운 톱날 모양의 뾰족한 이빨이 가득하다. 목은 가늘고 유연했다.

새벽의 약탈자

에오랍토르

Eoraptor lunensis

분류 척삭동물문—용반목—용각아목—에오랍토르속

식성 잡식성

크기 몸길이 약 1~1.7미터, 몸무게 약 5~10킬로그램

특징 두개골의 길이가 약 12센티미터로 아주 작은 원시 용반목 공룡이다. 가늘고 긴 뒷다리에 비해 짧은 앞다리에는 다섯 개의 긴 앞발가락을 가졌는데, 먹이를 움켜잡을 때 사용했을 것이다. 아래턱에는 거대한 용각아목 공룡과 비슷한 나뭇잎 모양의 이빨이 나 있는 반면, 윗턱에는 육식성인 수각아목 공룡의 특성이 보이는 이빨을 가지고 있어 잡식성으로 보고 있다.

피사노의 도마뱀

피사노사우루스

Pisanosaurus mertii

아르헨티나 고생물학자 주앙 피사노를 기리기 위해 붙인 이름이다.

분류 척삭동물문－조반목－피사노사우루스속

식성 초식성

크기 몸길이 약 1미터, 몸무게 약 3.6킬로그램

특징 현재 실레사우루스류, 즉 공룡의 친척뻘 되는 파충류의 특징과 조반목 공룡의 특징을 모두 가지고 있는 원시 공룡이다.

실레사우루스류 복원도를 보면 비슷한 길이의 앞다리와 뒷다리는 땅에 닿고, 골반뼈는 파충류의 골반 구조와 유사하다. 조반목 공룡 복원도는 앞다리가 뒷다리보다 짧고, 골반 구조는 좌골과 치골이 나란히 뒤로 향해 있다. 2020년에 발표된 논문에 따르면 가장 원시적인 조반목 공룡으로 분류한다.

2부
중생대 쥐라기
약 2억 130만 년에서부터 1억 4,500만 년 전까지

프테로닥틸루스
Pterodactylus

넓은잎삼나무
Cunninghamia

은행나무
Gingko

디플로도쿠스
Diplodocus

알로사우루스
Allosaurus

스테고사우루스
Stegosaurus

클라도플레비스
Cladophlebis

암피코틸루스
Amphicotylus

프틸로필룸
Ptilophyllum
브라키오사우루스
Brachiosaurus
람포링쿠스
Rhamphorhynchus
드리오사우루스
Dryosaurus
아르케옵테릭스
Archaeopteryx
크테나코돈
Ctenacodon
아누로그나투스
Anurognathus
200
195
190
185
180
175
170
165
160
155
150
145
중생대
쥐라기
트라이아스기
전기
중기
후기
백악기
헤탄지안
시네무리안
플리엔스바치안
토아르시안
알레니안
바조시안
바토니안
칼로비안
옥스포디안
킴메리지안
티토니안

1장

산소 탱크가 된 숲

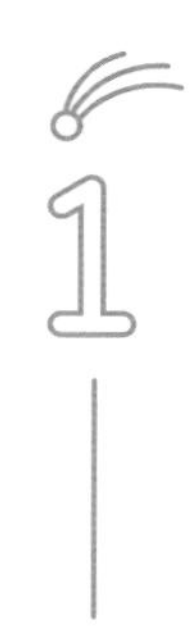

빈틈없이 숲의 바닥을 메운 양치식물

트라이아스기 후기 때 발생한 전 지구적인 화산 활동과 조산운동의 여파로 쥐라기의 기후는 현재 지구의 평균 온도보다 섭씨 약 5도에서 10도 정도 더 높았다. 대기 중 이산화탄소 농도 역시 늘어나 산소 농도는 15퍼센트까지 낮아졌다. 쥐라기의 지구는 전반적으로 덥고 습한 열대성 기후가 나타났다. 일반적으로 기온이 상승하면 이산화탄소 농도는 증가하고, 산소 농도는 감소하므로 생물이 활동하는 데 영향을 준다. 동물은 호흡 곤란을 겪고, 식물은 광합성 효율이 떨어진다. 이 시기 생물은 바뀐 대기에 적응해 살아남기 위해 무수히 노력했을 것이다.

고생대 실루리아기에 처음 등장한 양치식물류는 관다발식물이지만 포자로만 번식했다. 양치식물류에게 최적의 환경은 강수량이 많고 고온 다습한 열대성 기후이다. 암꽃과 수꽃처럼 보이는 포자낭을 만들어 수정하는 방법을 선택한 종자고사리는 고생대를 지나

나무고사리(위)와 어린 고비잎(아래)

면서 지구 환경의 변화에 적응하지 못하고 멸종했지만, 나무고사리 같은 양치식물은 지금까지 살아남았다.

양치식물은 나쁜 조건에서도 적응하고 살아남아 그들의 유전자를 더욱 멀리, 더욱 많이 퍼트리는 데 성공했다. 같은 양치식물이라도 물가에서 자라는 종, 물속이나 물에 잠겨서 자라는 종, 바위나 나무줄기에 붙어서 자라는 종 등 각자 살 곳을 찾아 적응했다. 필사적으로 생존하기 위한 전략이거나 최적의 환경에서 밀려난 탓에 어쩔 수 없이 선택한 장소일 것이다. 이렇듯 여러 환경에서 살 수 있는 양치식물은 서서히 쥐라기 지구의 땅을 뒤덮고 있었다.

나무고사리는 어떻게 살아남을 수 있었을까? 고생대보다 낮은 산소량을 극복하기 위해 나무고사리는 전혀 다른 선택을 했다. 나무줄기가 없는 초본 양치식물과 다르게 줄기가 나무처럼 단단한 목질을 선택한 것이다. 나무고사리는 양치식물이 가장 선호하는 고온 다습하고 햇빛이 많이 들지 않으며, 강수량이 많은 최적의 환경을 버렸다. 대신 햇빛이 잘 드는 곳에서 높이 자라 포자를 멀리 퍼트리는 방법을 선택했다. 나무고사리는 지금도 1년 내내 열대우림 지역에서 우뚝 솟아나 포자를 퍼트리고 있다. 이들은 자연 상태에서 3~12미터까지 자란다.

고생대 최초의 관속식물로 등장한 양치식물은 오랜 세월 동안 변화무쌍한 지구의 생태적 환경을 견디고, 험난했던 대륙의 여정을 함께하며 지금까지 살아오고 있다.

위로 뻗어가는 침엽수

중생대 트라이아스기에 고지대에서 살았던 침엽수 볼치아의 후손이 쥐라기의 산을 차지했다. 볼치아는 고생대 석탄기에 등장해 페름기 후기 대멸종을 견디고 살아남은 나무이다. 산소가 풍부한 페름기에 살았던 볼치아는 최상의 환경에서 살다가 트라이아스기와 쥐라기를 거치며 최악의 환경까지 경험했다.

쥐라기의 산은 높디 높은 침엽수로 가득 찼고, 빼곡히 들어선 키 큰 나무들 아래 사이사이로는 양치식물이 비집고 들어와 잎사귀를 활짝 펼치며 자랐다. 한 줌의 산소조차 찾아보기 힘든 페름기 후기 대멸종 시기의 지구를 돌이켜보면 쥐라기의 푸르른 숲은 믿기지 않을 정도이다.

쥐라기에는 트라이아스기보다 산소량이 크게 낮아졌다. 산소가 부족한 환경에서 식물은 새로운 생존 전략을 세웠다. 식물의 덩치를 키워서 영양분의 질은 떨어지지만, 많은 영양분을 만들어내는 전략이다. 이로 인해 쥐라기의 산은 커다란 침엽수들로 우거지게 되었다.

겉씨식물에는 침엽수류(구과식물류), 소철류, 마황류, 은행나무류가 속해 있다. 그중 침엽수란 바늘처럼 뾰족한 잎과 방울 모양처럼 생긴 열매를 맺는 나무를 말한다. 침엽수의 바늘 모양 잎 구조는 생존과 직결되어 있다. 침엽수는 고지대와 혹한에도 견딜 수 있다. 혹한이 닥쳤을 때 건조한 대기와 수분이 적은 땅에서 살아남기 위해서는 나무에서 수분이 빠져나가는 것을 최대한 막아야 한다. 뾰족한 잎은 넓적한 잎보다 표면적이 좁아서 수분 손실을 줄일 수 있다. 덕분에 바늘잎을 가진 침엽수는 추운 북반구에서도 살아남았다.

척박한 환경에서 살아남기 위해 침엽수는 아주 단순한 번식 방법을 택했다. 침엽수 대부분은 수꽃과 암꽃이 따로 피는 단성화이다. 수꽃에선 꽃가루만 만들어내고, 암꽃은 꽃가루를 받아들여 수정한 뒤 종자를 만들어낸다. 침엽수는 바람을 매개로 꽃가루를 옮기는 풍매화가 대부분이다. 수꽃의 꽃가루는 양쪽 끝에 공기주머니를 가지고 있다. 꽃가루를 옮겨줄 바람만 있으면 된다. 갑작스럽게 환경이 바뀌어 모든 생물이 사라져도 소소하게 부는 바람만 있다면, 그 바람을 타고 암꽃의 머리 위에 앉기만 하면 된다.

수정된 암꽃은 종자를 만든다. 성숙한 종자도 바람을 타고 날아가기 위해 종자마다 날개를 갖게 되었다. 침엽수는 이런 단순한 생식 기작 덕분에 악조건에서도 살아남았다. 그런데 생각보다 이 종자날개의 역할이 그리 탁월하지 않았나 보다. 똑같이 바람으로 수정하지만, 종자의 번식 방법이 다른 침엽수가 등장한다.

어떤 침엽수는 영양분이 많은 열매를 만들어서 초식동물에게 먹힘으로써 멀리 이동하는 방법을 선택했다. 동물이 이동하는 곳이면 어김없이 이 식물의 종자도 함께 이동한다. 초식동물이 열매를 먹고 배설하거나 어딘가에 열매를 저장해두었는데, 다시 찾지 못하면 열매 속 씨앗은 적당한 때를 보아 싹을 틔울 것이다.

쥐라기 침엽수는 단순한 번식 방법을 통해 산 여기저기에 터를

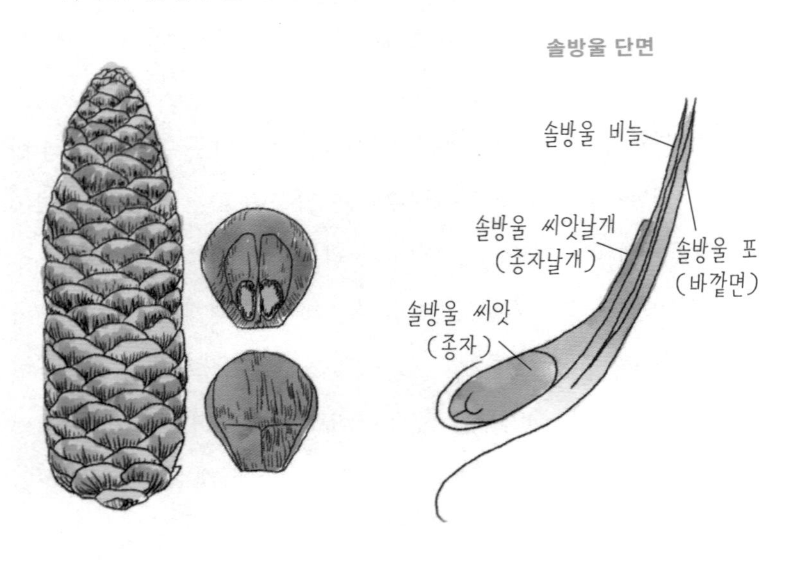

이티에스트로부스 멕켄지에이 화석 복원도와 해부학적 이미지

잡고, 가느다란 바늘잎으로 광합성을 하기 위해 태양을 향해 높이 자랐다.

가장 오래된 소나무과 솔방울 화석은 이티에스트로부스 멕켄지에이*Eathiestrobus mackenziei*다. 1896년 스코틀랜드 블랙 아일의 쥐라기 후기 지층인 킴머리지 클레이에서 발굴되었다. 현재까지 알려진 화석 중 가장 오래된 소나무과 솔방울로, 약 8센티미터 길이의 원뿔 모양이며 종자까지 확인할 수 있다.

침엽수의 대표 식물인 소나무 화석은 백악기 전기 지층에서부터 발굴되기 시작한 것으로 보아 쥐라기 후기에는 지금과 같은 소나무가 아직 등장하지 않았던 것으로 보인다.

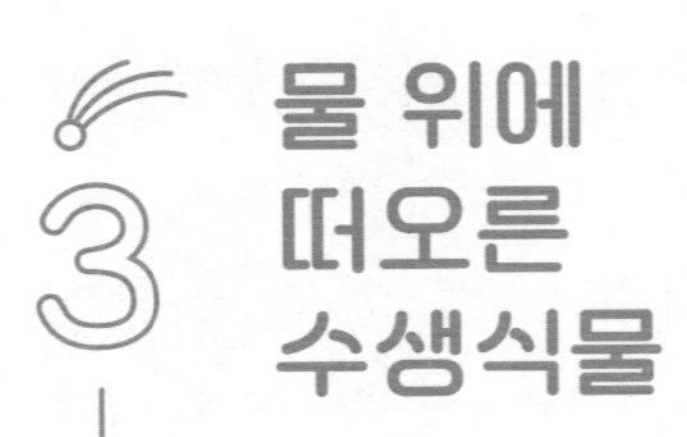

3 물 위에 떠오른 수생식물

꽃 피는 식물, 즉 속씨식물의 기원에 대한 논쟁은 식물학자 사이에서 계속되고 있다. 모든 생명체가 그렇듯 속씨식물 역시 지구상에 언제 처음 나타났는지 정확히 알지 못한다. 수많은 화석상 증거와 기존 식물의 유전적 데이터를 토대로 그 기원을 추정하고 있지만, 확실치 않은 탓에 매번 정보가 수정되고 있다.

2013년 스위스 북부의 쥐라기 지층에서 발굴된 속씨식물의 꽃가루 화석과 영국 옥스퍼드셔의 쥐라기 지층에서 발굴된 속씨식물 잎 화석은 기존의 학설에 어긋난다. 기존 학설에서는 속씨식물이 백악기 후기부터 등장했다는 가설을 세웠으나 두 화석은 가설에서 벗어난다.

최근 여러 국가의 식물학자로 구성된 연구진은 화석 기록과 속씨식물의 DNA 분석을 해석하는 새로운 연대 추정 방법인

BBBBayesian Brownian Bridge 추론법을 이용해 속씨식물의 기원이 쥐라기 또는 쥐라기 이전이라는 연구 결과를 발표했다. 이 연구 결과는 속씨식물의 등장 시기를 앞당길 수 있는 과학적인 증거다. 이전에는 설명할 수 없었던 쥐라기 지층에서 발굴된 꽃가루 화석에 대한 의문도 해결해줄 것이다. 그렇다고 속씨식물의 기원에 대한 모든 의문이 해소된 것은 아니다. 속씨식물이 어떤 식물에서 진화되었는가에 대한 답은 아직 밝혀지지 않았다. 현재는 여러 가지 가설 가운데 수생식물에서부터 기원했다는 가설이 가장 유력하다.

수생식물 기원설을 뒷받침하는 근거가 있다. 우선 연못 같은 하천 주변은 생태계의 균형을 파괴하거나 해치는 생물 때문에 생태계 교란이 심하다. 이런 곳에서 적응하고 살아남기 위해 여러 유전적 변이를 지닌 다양한 식물이 등장한다. 그다음으로 물속에서는 물과 영양분이 제대로 공급되기 어렵다. 물속에서 살아가기 위해서는 관다발의 구조가 중요하기에 육상식물보다 수생식물이 더욱 진화된 관다발 구조를 가지고 있다. 마지막으로 식물 분류의 바탕이 되는 분류군인 수련목, 쌍떡잎식물과 그리고 이 분류군과 자매 관계인 붕어마름목, 외떡잎식물이 모두 수생식물에서부터 출발했다.

2017년 수생식물 기원 가설을 뒷받침하는 중요한 연구가 《네이처 커뮤니케이션스Nature Communications》에 발표되었다. 이 연구는 프랑스 파리-쉬드대학교와 오스트리아 빈대학교에서 주도한 e플

프랑스 파리-쉬드대학교에서 제공한 원시 꽃의 모습

라워 프로젝트를 통해 이루어졌다. 공동 연구진은 식물 792종의 유전적 데이터를 바탕으로 식물의 계보를 구성하고, 속씨식물의 구조적 특징을 분석했다. 연구진은 최초의 꽃은 다섯 개 이상의 암술과 열 개 이상의 수술이 함께 있는 양성화였고, 원시 형태의 꽃덮개(꽃잎과 꽃받침을 통틀어 이르는 말)도 열 개 이상 존재했다고 밝혔다. 그 결과 원시 꽃에 대한 세 가지 진화적 가설을 세웠다.

첫째 식물은 한 꽃 안에 암술과 수술이 모두 있는 양성화에서 암술 또는 수술만 있는 단성화로 진화했다. 둘째 꽃받침이나 수술의 모양은 나선형으로 뭉치는 것이 아니라 사방으로 퍼지는 방사형에서 진화가 시작되었다. 셋째 시간이 지남에 따라 꽃잎, 꽃받침, 수술, 암술 등 방사형 기관의 수가 점점 줄어들었다.

이런 원시적인 속씨식물의 특징을 가진 식물이 현생 수련과 비슷한 모양일 것이라고 추측한다. 따라서 기원 가설과 그 근거들을 종합해보면 수련과 비슷하게 생긴 원시 수생식물에서 꽃 피는 속씨식물이 진화해 나왔음을 알 수 있다. 그러나 이 가설에도 증명해야 할 많은 과정이 남아 있다.

덥고 습한 날들이 계속되던 쥐라기의 어느 거대한 호수. 넓적한 잎사귀가 호수 위를 뒤덮고 있는 사이로 형형색색의 수련을 닮은 꽃이 만발해 있는 모습을 상상해본다.

식물과 함께 번성한 절지동물

유라시아, 몽골, 중국, 카자흐스탄 등에 있는 쥐라기 지층에서 다양한 곤충 화석이 발굴되고 있다. 쥐라기의 곤충 화석으로 유추할 수 있는 사실은 여러 종의 곤충이 서식할 만한 환경이 뒷받침되었다는 것이다. 고생대와는 다르게 중생대에는 대기 중 산소 농도가 반으로 줄어들었기 때문에 곤충의 몸 크기는 더 이상 거대해지지 못했다. 그 대신 풍부한 먹이와 적당한 기후 등 곤충이 살 수 있는 좋은 환경과 여건이 갖추어졌다.

곤충은 안정된 서식지에서 살아가며 유전자를 대대손손 전달하기 위해 몸의 형태와 구조에 변화를 주는 방향으로 진화해갔다. 특히 고대 곤충의 뛰어난 적응방산 덕분에 짧은 기간 동안 다양한 현생 곤충의 조상이 출현했다. 적응방산이란 생물이 대멸종을 겪은 뒤 생태계에 공백기가 생겼을 때, 환경에 적응하고 진화해 다양한 종이 생겨나는 것을 말한다. 적응방산의 가장 중요한 요소는 서식 환경과 먹잇감이다. 곤충은 먹잇감에 따라 입틀(입 구조)을 다양하게 변화시켰다.

현생 곤충의 입틀은 크게 다섯 가지로 나뉜다. 입틀이란 입 부분을 구성해 먹이를 섭취하는 데 도움이 되는 기관을 통틀어 말한다. 모기, 노린재, 일부 나방은 찌르는 형태의 입틀을 가졌는데, 빨대처럼 먹이를 뚫어서 체액을 빨아 먹는다. 총채벌레에서만 볼 수 있는 입틀은 식물의 조직을 쓸고 빠는 형태로 되어 있다. 먹이를 씹는 입틀과 뚫고 빠는 입틀의 중간 단계의 구조이다. 꿀벌, 파리, 사슴벌레, 장수풍뎅이 등의 입틀은 먹이를 핥고 빠는 흡착형이다. 침으로 음식을 녹여 먹거나 액체를 주로 섭취한다. 나비와 나방은 긴 관으로 된 빨대 모양의 흡관형(흡수형) 입틀을 가지고 있다. 마지막으로 말벌, 딱정벌레 등은 저작형 입틀로, 큰 턱을 이용해 씹어 먹는 입틀을 가지고 있다.

쥐라기에 등장한 곤충도 현생 곤충에서 볼 수 있는 입틀과 크게 다르지 않았을 것이다. 입틀의 구조가 거의 바뀌지 않았다는 것은 그들의 먹잇감이 크게 변하지 않았다는 말이다. 그러나 오늘날은 쥐라기와 전혀 다른 환경이므로 새로운 모습을 한 곤충들이 등장했고, 현생 식물과 공존하며 살아가고 있다.

쥐라기의 곤충은 모든 형태적 측면에서 현생 종과 큰 차이가 없다. 중국 내몽골 동북부의 쥐라기 중기 지층에서 발굴된 밑들이

목 화석을 통해서도 알 수 있다. 현생 밑들이는 나뭇잎, 식물 줄기 등에 매달려 있거나 습한 환경에서 작은 곤충의 즙을 빨아 먹으며 생활한다. 쥐라기 중기에 살았던 밑들이 역시 비슷한 환경에서 비슷한 먹이를 먹으며 생활했다는 것을 추측할 수 있다.

트라이아스기-쥐라기 시기의 나비목 화석과 원시 나방화석도 발굴되었다. 나비목은 나비와 나방을 포함하는 분류군으로, 이들이 먹을 수 있는 기주식물도 함께 서식했을 것이다. 하지만 당시에는 현생과 비슷한 식물상이 아니었다. 여전히 꽃 피는 속씨식물은 백악기 전후에나 등장하기 때문이다. 현생 나비와 나방이 꽃의 꿀, 나무 수액, 과즙, 이슬 등을 빨아 먹고 사는 것처럼 쥐라기에 등장한 나비와 나방도 어떤 식물의 즙이나 동물의 체액을 빨아 먹고 살았을 가능성이 있다.

쥐라기 중기는 가장 많은 종류의 곤충이 등장한 시기이다. 이때 딱정벌레류, 현생 잠자리와 실잠자리류, 기생벌류 등이 출현하여 널리 퍼져나갔다. 현생 기생벌은 다른 곤충의 몸, 알이나 애벌레에 알을 낳은 뒤, 그 알이 번데기가 되고 성충이 될 때까지 알과 애벌레의 체액을 빨아 먹으며 산다. 그래서 연구자들은 쥐라기에 등장한 기생벌도 같은 방법으로 살아갔다고 본다. 또한 대벌레목, 약대벌레목, 흰개미붙이목 등이 등장했으며, 이 곤충들의 후손이 지금까지 우리와 함께 살아가고 있다.

쥐라기에 번성한 식물종은 여러 곤충종이 살 수 있는 생육 환경이었다는 것을 의미한다. 더불어 식물을 먹는 다양한 종의 초식동물이 나타났으며, 이는 곤충과 초식동물을 먹고 사는 육식동물의 등장으로 이어졌다. 이런 과정을 거쳐 쥐라기의 숲은 서서히 생물 다양성이 높은 울창한 숲으로 진화했다.

2장

서서히 움직이기 시작한 쥐라기의 대륙

연결된 대륙을 통해 전 지구로 뻗어나간 동물

약 9,750만 년이라는 긴 시간 동안 거대한 초대륙을 유지해온 지구는 또다시 갈라지고 있었다. 고생대 페름기 전기에 형성된 초대륙은 쥐라기 전기부터 붕괴되기 시작했다. 초대륙이 만들어지고 붕괴되었다가 다시 만들어지는 현상은 지구에는 전혀 새로운 일이 아니다. 지구가 형성되기 시작한 때부터 일어난 하나의 사이클이다.

오늘날 지구는 10여 개의 지각판으로 이루어져 있다. 지각판 바로 아래쪽과 외핵 사이에는 맨틀이 있다. 대륙과 해양의 지각판은 맨틀의 대류에 의해 움직인다. 맨틀의 대류는 지구 내부의 뜨거운 열을 표면으로 이동시키고, 지각 표면에서 열이 식으면 다시 지구 내부로 이동한다.

지금까지 지구의 지각은 형성과 붕괴를 반복하는 과정의 연속이었다. 이러한 과정은 오랜 기간 매우 천천히 일어났다. 지각판이 이동하다가 거대한 대륙 지각판끼리 서로 충돌하거나 대륙 지각판과 해양 지각판이 충돌해 지진과 화산 폭발이 지속적으로 일어났다. 이로 인해 하나의 초대륙은 로라시아Laurasia와 곤드와나Gondwana로 갈라지기 시작했고, 그 사이를 바닷물로 채워나갔다. 로라시아 초대륙은 북반구를 차지했던 대륙으로, 나중에 북아메리카 대륙과 유라시아 대륙이 된다. 곤드와나 초대륙은 남반구 지역인 남아메리카, 아프리카, 남극, 오스트레일리아, 인도 등을 포함하는 대륙으로 갈라진다.

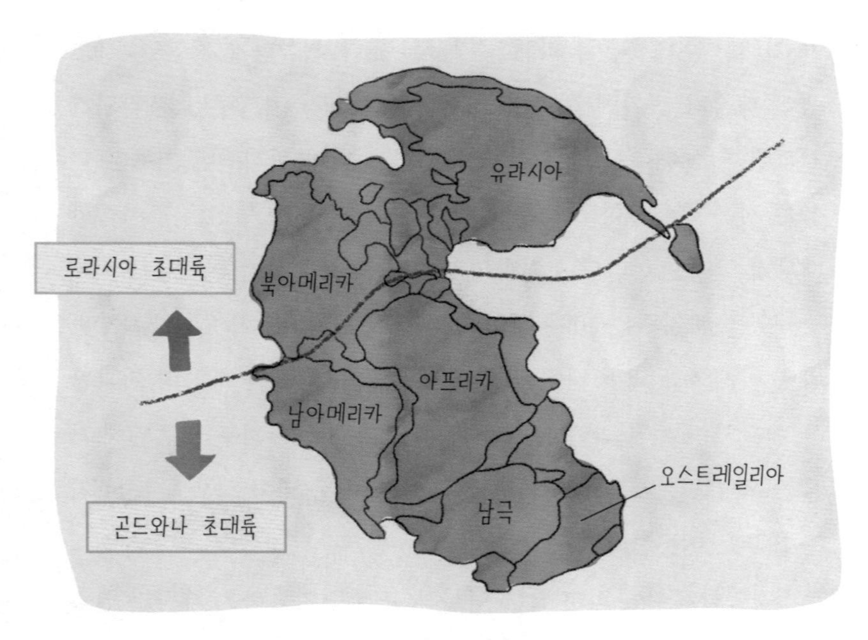

중생대 전기부터 시작된 초대륙(판게아)의 분리

지구의 지각은 끊임없이 변화하고 있었지만, 정작 대륙 지표면에 살고 있는 생물은 이러한 변화를 전혀 눈치채지 못했다.

쥐라기 전기의 대륙은 변함없이 하나로 연결되어 있었다. 페름기 후기 대멸종으로 아무것도 살아남지 못할 것 같은 환경에서도 끈질기게 생명을 부지해오던 생물에게는 더할 나위 없는 최고의 지상낙원이었다. 쥐라기는 빙하로 뒤덮인 극지방이 없고, 위도별로 열대성 기후, 아열대성 기후, 온대성 기후가 나타난 시기이다. 여러 형태의 환경에 적응하여 살아갈 수 있는 생물이 태어나고 번성하기에 최고의 날들이었다.

양치식물의 포자는 어느 곳에서든 안착하기만 하면 뿌리 내리기 좋았다. 살랑살랑 불어오는 바람을 타고 내려앉은 겉씨식물의 화분은 멀리 퍼져나가 그들의 안식처가 되어줄 적당한 곳에 내려앉기만 하면 수정하고 싹을 틔웠다.

식물의 번성은 곤충뿐만 아니라 초식동물의 번성으로도 이어졌다. 먹이가 풍부한 곳은 동물이 번식하기에 아주 좋은 환경이다. 초식동물이 많아지니 이들을 번식 매개체로 삼는 식물의 개체 수도 증가했다. 그러자 어떤 초식동물은 유전자를 퍼트리기 위해 더 나은 서식지를 찾아 나서기 시작했다. 또한 치열한 먹이경쟁에서 조금이라도 우위를 차지하기 위해 겉모습도 환경에 맞추어 진화시켰다.

초식동물이 늘고 서식지를 찾아 멀리 이동하면서 자연스럽게 육식동물도 늘어났다. 특히 파충류가 주류였던 이 시기에 독특한 모습과 어마어마한 덩치를 가진 거대한 파충류가 등장해 진화하고 분화해나갔다. 심지어 하늘을 나는 파충류인 익룡까지 등장한다. 생존에 필수적인 먹잇감과 기후에 대한 걱정이 없었다는 것을 입증하기라도 하듯 말이다. 한편 무섭게 번성하던 파충류 틈에서 아주 작은 동물, 어둠의 저편에서 숨죽여 살아간 포유류가 등장한다. 이들의 존재는 무시해도 좋을 만큼 차지하는 영역이 아주 미비했다. 그렇다 보니 살아남기 위해서 어떤 생물보다 안간힘을 다했다.

트라이아스기부터 차츰 바닷속의 산소량이 증가하기 시작한다. 이로 인해 새로운 생물이 출현하고, 쥐라기 시기에 이르러서 바닷속은 고생대 바다와는 전혀 다른 생물이 점령했다. 오늘날 바다에서 볼 수 있는 경골어류, 연골어류와 상어, 연체동물 중 두족류인 암모나이트는 중생대 시기의 대표적 동물이다. 그리고 암모나이트 같은 무척추동물을 잡아먹고 사는 돌고래를 닮은 여러 형태의 어룡이 퍼졌다. 목이 용각아목 공룡처럼 긴 수장룡과 날카로운 이빨로 가득한 주둥이를 쩍쩍 벌리며 바닷속을 헤집고 다니는 해양 파충류도 늘기 시작했다.

땅과 바다는 그 어느 때보다 평화롭고 살기 좋은 환경이 되어가고 있었다. 이 호화로운 시기를 놓칠 리 없는 생물들은 맘껏 세계를 만끽하며 진화했다.

하지만 생물은 본능적으로 알고 있었을지 모른다. 최고의 환경도 언젠가는 끝이 있다는 것을 말이다. 그들은 안주하지만은 않았다. 지금은 생물이 살아가는 데 최고의 환경을 갖춘 시기이지만, 페름기 후기 대멸종처럼 최악의 환경이 닥칠지 모른다. 생물들은 그 순간이 오더라도 살아남을 수 있도록 끊임없이 적응 DNA를 살려내며 후손들이 지낼 길고 긴 삶의 여정에 대비하고 있었을지도.

천천히 땅과 하늘을 장악하기 시작한 파충류

대륙의 지배자 공룡

리처드 오언은 다이노사우루스Diosaurus라는 명칭을 처음 만든 17세기 영국 생물학자이다. 다이노사우루스에서 다이노Dino는 무시무시하다, 사우루스saurs는 도마뱀을 뜻한다. 즉 무시무시한 도마뱀이라는 뜻이다. 17세기 초 유럽 등지에서 발굴된 화석들은 비교생물학과 고생물학을 공부한 오언의 손을 거치면서 현재 살아 있는 동물에게서는 볼 수 없는 골격의 특징을 발견하게 된다. 당시에는 화석의 연대를 측정할 수 있는 과학 기술이 발달되지 않은 시기라서 골격 화석 자체만 가지고 조사, 연구하는 방법이 최선이었다. 오늘날 고생물학계에서는 공룡을 중생대에 살았고 이궁류에 속하며 직립형의 다리를 갖는 육상 파충류만을 지칭한다고 정의한다.

오언이 공룡을 정의하기 위해 사용한 화석은 메갈로사우루스

Megalosaurus, 이구아노돈*Iguanodon*, 힐라에오사우루스*Hylaeosaurus*이다. 세 종의 화석에는 공통점이 있다. 하나는 뒷다리의 골격이 파충류와 다르게 골반에서 곧바로 뻗어 나온다는 점, 다른 하나는 어룡, 수장룡, 거북 등과 같은 파충류에서는 볼 수 없는, 눈 뼈 뒤쪽 두개골에 두 쌍의 구멍을 가지고 있다는 점이다.

지금부터 로라시아 초대륙에 살았던 공룡을 중심으로 당시 생태계의 한 부분을 살펴보겠다. 여전히 대륙이 하나로 연결되어 있었던 시기라는 점은 염두해두어야 한다. 쉽지 않았겠지만 공룡은 거대한 대륙을 횡단·종단할 수 있는 조건을 갖추었다. 트라이아스기 후기에 등장한 공룡은 덩치가 작았고, 겉으로 보기에 악어 같은 파충류처럼 보였다. 그러나 현생 포유류처럼 골반 아래로 쭉 뻗은 뒷다리로 곧게 서서 걷거나 두 다리로 달릴 수 있었다. 작은 덩치에서 시작된 공룡 무리는 쥐라기에 들어서면서부터 환경에 적응하면서 다양한 크기와 모습으로 분화하기 시작했다.

쥐라기 전기의 용각아목 공룡은 덩치가 작고, 가느다란 뒷다리로 걸었다. 초창기 용각아목 공룡은 긴 척추를 가진이라는 뜻의 마소스폰딜루스류이다. 마소스폰딜루스*Massospondylus*는 오언이 남아프리카에서 처음 발굴한 용각아목 공룡으로, 몸길이가 약 4~6미터이다. 그러나 이 공룡을 진정한 용각아목 공룡으로 분류할 수 있는지는 척추고생물학자 사이에서 아직도 의견이 분분하다.

19세기 초 영국의 화석 수집가 존 킹던이 영국에서 최초의 용각아목 공룡 화석을 발굴했다. 킹던은 이 화석을 처음에는 고래나 큰 악어 같은 해양 생물이라고 생각했고, 그에 대한 설명을 1825년 오언에게 편지로 보냈다. 오언은 화석에 대한 설명만 보고 바다에 사는 거대한 파충류라고만 생각해 바다괴물이라는 뜻을 가진 세티오사우루스*Cetiosaurus*라고 이름 지었다. 그런데 1869년 영국 생물학자 토머스 헉슬리가 세티오사우루스가 발굴된 같은 지층에서 수집한 더 많은 화석을 조사한 뒤 다른 결과를 내놓았다. 세티오사우루스는 바다가 아닌 육지에 살았던 파충류이며, 기존에 알려진 공룡 화석과 비교 분석했더니 공룡과 유사한 골격 구조를 가지고 있다는 점을 알아낸 것이다. 헉슬리의 연구를 바탕으로 세티오사우루스는 공룡으로 수정되었다. 쥐라기 중기에 살았던 세티오사우루스는 몸길이 16미터, 몸무게는 11톤 정도로 추정한다.

진정한 용각아목 공룡의 전성기는 쥐라기 후기(1억 5,300만 년에서 1억 5,400만 년 전)부터 시작되었다. 공룡에게 풍부한 먹이와 안정된 환경을 보장했음을 보여준 시기이다.

미국 콜로라도주 모리슨 지층에서 발굴된 브라키오사우루스 알티토락스*Brachiosaurus altithorax*는 쥐라기 후기에 살았던 거대한 용각아목 공룡이다. 1903년 미국 고생물학자 엘머 리그스가 화석을 발굴해 이름 지었다. 리그스가 발굴한 화석 표본이 브라키오사우루스 화석을 명명하고 분류하는 기준표본이 되었으며, 현재 미국 시카고의 필드자연사박물관에 소장되어 있다. 참고로 기준표본이란 분류학적 학명이 붙은 실제 표본으로, 그 종의 명명과 분류의 기준이 된다. 신종을 발견해서 학명을 붙일 때 기준이 되는 표본이며, 속명과 종명으로 이루어진 학명은 모두 라틴어로 짓는다. 그래서 자연과학 연구에서 기준표본을 가지고 있는 기관이나 박물관은 아주 중요한 장소이다. 기준표본을 보기 위해 관련 분야의 연구자가 직접 찾아가는 일이 많다. 속명인 브라키오사우루스에서 브라키오Brachio는 팔을 뜻하고, 사우루스는 도마뱀을 뜻한다. 종명인 알티토락스는 깊은 흉부라는 뜻이다. 팔 도마뱀은 브라키오사우루스의 앞다리가 뒷다리보다 더 긴 데서 나온 이름이다. 몸길이는 약 18~22미터, 아성체에서 성체가 되기까지의 몸무게 변화는 약 28.3톤~46.9톤에 달할 것으로 추정된다. 몸높이는 약 9.4~13미터로 추정한다.

쥐라기 후기의 모리슨 지층은 우기와 건기가 뚜렷한 열대성 기후였다. 우기 때는 갑작스럽게 물이 범람했다가 빠지는 현상이 반복되면서 많은 토사가 하천 주변에 쌓이고, 그 주변은 점차 평지가 되었다. 이런 곳은 물도 풍부하고 토양의 질도 좋아서 각종 식물종이 서식하기에도 안성맞춤이다. 나무고사리 같은 양치식물에서부터 쑥쑥 자라는 침엽수, 은행나무, 큰 소철류까지 온갖 식물이 지천에 널려 있었다.

브라키오사우루스처럼 목이 긴 용각아목 공룡은 그들의 키높이에 닿는 나뭇잎을 먹었다. 이들의 나뭇잎 섭취량은 하루에

200~400킬로그램 정도였다. 이빨은 작고 끝이 살짝 둥글며, 이빨 안쪽은 작은 숟가락 모양이라서 사람처럼 나뭇잎을 씹거나 잘게 갈아서 먹을 수 없었다. 나뭇잎을 뜯어서 그냥 삼킨 다음 위에서 소화시켰을 것이다.

쥐라기 후기는 여러 종의 용각아목 공룡이 번성한 때이다. 서로 먹이경쟁을 할 수밖에 없었다. 그래서 브라키오사우루스가 다른 공룡과의 먹이경쟁에서 우위를 차지하기 위해 앞다리의 길이를 키우는 방향으로 진화했다는 가설도 있다. 앞다리가 뒷다리보다 길면 몸의 균형을 잡는 게 쉽지 않다. 그런데 이들은 뒷다리와 꼬리로 몸을 지탱하고, 앞다리를 추켜세워서 아주 높은 나무 꼭대기의 나뭇잎도 쉽게 뜯어 먹었다고 추측한다.

브라키오사우루스와 같은 시기, 같은 장소에 살았던 또 다른 용각아목 공룡으로 디플로도쿠스, 아파토사우루스*Apatosaurus*, 카마라사우루스*Camarasaurus* 등이 있다. 이들은 서로 경쟁하듯 하루 종일 먹는 데만 시간을 쏟았다. 육식공룡과 비교해 특이한 이빨을 가지고 있어서 이빨 화석만 보고도 어떤 공룡의 것인지를 알 수 있다.

디플로도쿠스는 두 개의 기둥이라는 뜻이다. 디플로도쿠스 꼬리뼈의 쉐브론Chevron이 특이한 V자 모양으로 생겨서 지은 이름이다. 쉐브론이란 꼬리뼈 아래를 지나는 혈관을 감싸서 보호하는 뼈로, 혈관궁이라고도 한다. 기준표본인 디플로도쿠스 카르네기*Diplodocus carnegii*는 지금까지 발굴된 용각아목 공룡 중에서 몸길이

디플로도쿠스의 꼬리뼈

가 가장 긴 약 24~26미터이며, 몸무게는 약 12~14.8톤으로 추정한다. 디플로도쿠스 두개골은 브라키오사우루스처럼 몸에 비해 아주 작은 편이고, 이빨은 성인 새끼손가락의 굵기 정도로 가늘다. 주로 이빨의 안쪽만 닳아 있는 화석이 발굴된다.

아파토사우루스는 속이는 도마뱀이라는 뜻이다. 처음 발굴되었을 때 모사사우루스 화석의 쉐브론과 아주 비슷하게 생겨서 지은 이름이다. 디플로도쿠스과인 아파토사우루스의 몸길이는 디플로도쿠스보다 짧지만, 몸무게는 더 많이 나갔다. 기준표본인 아파토사우루스 루이제*Apatosaurus louisae*의 몸길이는 약 21~23미터, 몸무게는 약 16.4~22.4톤으로 디플로도쿠스 카르네기보다 훨씬 무겁다. 이빨 화석은 큰 특이점을 찾아볼 수 없다. 다만 연필처럼 가늘고 길며 끝이 살짝 뾰족해서 식물을 뜯어 먹기에 비효율적이었을 것이다.

방 도마뱀이라는 뜻의 카마라사우루스는 척추 골격 속에 비어 있는 공간이 많아서 지은 이름이다. 아마 몸무게를 줄이기 위한 방법이었을 것이다. 카마라사우루스 수프레무스*Camarasaurus supremus*의 몸길이는 약 18~23미터, 몸무게는 약 47톤이라고 추정한다. 이 공룡도 덩치에 비해 아주 작은 두개골을 가지고 있다. 카마라사우루스의 이빨은 짧고 안쪽으로 살짝 구부러진 숟가락 모양이라서 많은 식물을 먹는 데 효과적이었다. 그래서 다른 용각아목 공룡보다 훨씬 짧은 시간에 상당한 양의 나뭇잎을 긁어 먹었을 것이다.

브라키오사우루스처럼 목이 긴 용각아목 공룡은 목을 움직일 수 있는 범위가 넓지 않았다. 좌우로는 약간 움직이고, 대략 4~9미터 안에서 위아래로 움직였다. 용각아목 공룡은 긴 목을 받쳐주는 경추 늑골(목뼈의 갈비뼈)을 가졌다. 경추 늑골은 우리 몸의 갈비뼈와 비슷한 모양으로, 뼈들이 경추 주변에 길게 뻗어 있어 경추를 보호한다.

목이 긴 용각아목 공룡이 목을 움직일 수 있는 범위는 큰 논란이 되고 있다. 1999년 척추고생물학자 켄트 스티븐스와 마이클 패리시는 목이 길면 위로 세운 형태를 유지하는 게 어려우므로 수평 자세를 유지했을 것이라고 주장했다. 하지만 이 주장은 오래가지 못했다. 미국 시카고 필드자연사박물관의 고생물학자 올리비에 리펠과 크리스토퍼 브로슈가 같은 해에 브라키오사우루스 화석의 목을 S자 형태에 위로 세운 모습으로 전시했다. 두 연구자는 근육이 붙는 신경 척추가 앞다리의 견갑대(어깨뼈)에 있으므로 목을 추켜세울 수 있다고 보았기 때문이다.

2001년 베를린 우주의학센터 소속 연구원 한스-크리스티안 군가와 K. A. 커쉬는 용각아목 공룡 중 기라파티탄*Giraffatitan*의 내이(척추동물의 귀에서 청각과 평형 감각을 담당하는 부위)를 연구하면서 목이 긴 용각아목 공룡은 나뭇잎을 먹을 때 목을 좌우 방향으로 움직이며 먹었을 것이라는 결론을 내렸다.

2007년 독일의 플렌스부르크대학교의 생물학 및 과학교육연구소 연구원 고든 젬스키와 안드레아스 크리스티안은 다른 주장을 내놓았다. 목을 수직으로 세울 경우 머리가 심장보다 높기 때문에 심장에 큰 무리를 준다. 그런데 긴 목을 S자 형태로 만들면 수직 자세일 때보다 목의 위치가 20도가량 낮아져 머리와 심장 사이의 거리를 2미터 이상 줄일 수 있다는 연구 결과를 발표했다. 이처럼 용각아목 공룡의 특징인 긴 목의 형태와 위치에 대해서는 연구자마다 다른 주장을 하고 있다.

고생물학자 마크 할렛과 척추고생물학자 매튜 웨델은 브라키오사우루스가 수월하게 호흡하고, 거대한 몸의 무게를 줄이기 위해 독특한 시스템을 가졌다고 주장한다. 새처럼 몸속에 기낭(공기주머니)을 가지고 있었다는 것이다. 브라키오사우루스의 기낭은 목 근처와 몸통 부위에 있는 두 개가 동시에 수축하며, 몸속에서 사용한 공기를 펌핑해서 몸 밖으로 뿜어내는 역할을 했다. 기낭을 이용한 호흡 방법은 콧구멍을 통해 들어온, 산소가 많은 공기가 더욱 쉽게 순환하도록 도와주었을 것이다. 기낭은 또한 어마어마한 덩치를 가진 용각아목 공룡에게는 몸무게를 줄이기 위한 전략이다. 현생 조류가 뼛속을 비워 몸무게를 줄이는 방향으로 진화한 것처럼 말이다.

거대한 용각아목 공룡은 지구의 땅을 어떻게 누비고 다녔을까? 그때를 상상해보자.

먼 지평선 너머로 뿌연 먼지를 가로지르며 나타나는 거대한 덩치의 공룡들이 보인다. 한참을 가만히 보니 전봇대 같은 다리 사이로 작은 새끼들이 어미의 발에 밟히지 않기 위해 이리저리 피해가며 폴짝 뛰어오고 있다.

공룡들은 키 작은 풀이 듬성듬성 나 있는 사막 같은 땅 위를 너나 할 것 없이 나침반을 보며 걷는 것처럼 한방향을 향해 걸어가고 있다. 이들은 몹시 험난한 건기를 버티고 살아남았다. 건너편 어느 곳에는 아마도 초록 나무로 꽉 찬 곳이 있을 것이라고 예상이나 한듯 지친 몸을 이끌고 걷고 또 걷고 있다. 드디어 그런 곳이 조금씩 모습을 보이고 있다. 저 끄트머리에 초록색이 보인다. 얼마나 멀리 왔는지, 얼마나 오랫동안 굶었는지 알 수 없을 정도로 길고 긴 시간이 흘렀다. 온통 초록 나무로 둘러싸인 곳이다. 건기를 버티고 살아남은 녀석들만 누릴 수 있는 축복이다.

얼마 후 공룡들이 평화롭게 높디 높은 나무 꼭대기의 잎을 뜯어 먹고 있다. 다리 밑에 선 새끼들은 어미가 먹다가 흘린 나뭇잎을 주워 먹는다. 거대한 덩치만큼 어미의 발자국은 크고 깊다. 범람원인 이곳은 땅속에 물을 머금고 있다. 아차 하는 순간 새끼가 발자국 웅덩이에 빠져 허우적거리고 있다. 그래도 좋다. 이런 싱싱한 이파리를 먹어본 지가 얼마 만인지……. 새끼들은 이제 배가 부른듯 요리조리 뛰어다니며 진흙 목욕을 하고, 호기심이 많은 녀석들은 숲속에 들어가 보기도 한다. 제각각 다른 용각아목 공룡이 한 번 쓸고 간 자리엔 어마무시하게 큰 똥덩어리와 앙상한 나무만 남아 있다. 그 똥 안에는 나무 씨앗이나 곤충의 알 또는 성체가 있을 것이다. 이 중 살아남은 생명은 나중에 다시 세상에 나올 준비를 하고 있을지도 모른다. 이들은 한곳에서 오래 머물지 않았다. 또다시 극심한 건기가 오기 전 최대한 영양분을 섭취한 후 다시 머나먼 길을 나서야 했다.

거대한 공룡 화석을 보며 사람들은 이런저런 상상을 한다. 어떻게 먹고, 싸고, 알을 낳고, 성장했는지 등에 대해서 말이다. 하지만 매 순간 쏟아지는 궁금증은 그들과 함께 살지 않는 이상 해결되지 않을 것이다.

쥐라기 수각아목 공룡의 삶의 현장

모든 생물의 멸종이 끝은 아니다. 멸종은 곧 새로운 생명의 등장이며, 이는 진화로 연결되어 있다. 식물이 살 수 없는 환경이면 여지없이 동물도 찾아볼 수 없다. 반대로 식물이 잘살 수 있는 환경이 되면 어디에선가 동물이 하나둘씩 나타나다가 갑자기 걷잡을 수 없을 만큼 많은 동물종이 등장한다. 약 5억 년 전쯤 지구에서 동물의 종류가 폭발적으로 늘어난 사건처럼 말이다. 150년 전 고생대 캄브리아기 지층에서 수많은 화석이 한꺼번에 발굴되기 시작했다. 생명체가 갑자기 폭발하듯이 출현한 이 사건을 '캄브리아기 대폭발Cambrian Explosion'이라고 한다. 중생대 쥐라기도 마찬가지이다.

그러나 진화가 꼭 좋은 방향으로만 이루어지는 건 아니다. 어찌 보면 진화는 동물이든 식물이든 살기 위해 아등바등하다가 나온 결과물 그 이상도, 그 이하도 아닐 것이다. 오늘날 진화에 대한 인간의 호기심은 끝이 없다. 진화의 과정과 연속성을 찾기 위해 과학자들은 화석상 증거, DNA상 증거 등을 뒤지며 그 실마리를 찾아 헤매고 있다.

트라이아스기 후기에 등장한 작은 덩치의 육식공룡들은 그저 커다란 파충류 무리에 섞인 채 생존 방식을 터득하며 살아갔다. 물고기를 잡아먹거나, 숨어 있는 작은 포유류를 사냥하거나, 어미들이 한눈을 파는 사이 파충류의 새끼와 알을 훔쳐 먹었다. 하지만 그 모습을 쉽게 드러내진 않았다. 쥐라기 전기에는 여전히 덩치가 엄청나게 큰 파충류들이 어슬렁거리며 땅을 돌아다니고 있었기 때문이다.

수각아목 공룡은 쥐라기 후기에 들어서면서부터 홀로 사냥을 할 만큼 덩치가 커졌으며, 자신만의 영역을 서서히 확장하기 시작했다. 즉 사냥거리가 풍부해진 것이다. 이들은 날카로운 이빨과 발톱을 가진, 무서울 것 없는 존재로 성장해갔다. 그러나 무엇이 먼저인지는 모른다. 초식공룡이 거대해지니 육식공룡이 뒤를 따라 사냥 도구를 진화시키는 방향으로 진화했을 수도 있고, 그 반대일 수도 있다. 공룡이 모두 비슷한 시기에 변화했다는 사실은 발굴된 화석을 통해 확인할 수 있다.

용각아목 공룡과 수각아목 공룡은 용반목Saurichia에 속한다. 사우르Saur는 파충류, 이시아ichia는 엉덩이를 뜻하며, 골반 골격이 파충류와 비슷해서 붙은 이름이다. 용반목은 크게 용각아목과 수각아목으로 분류되는데, 이 두 무리는 골반 골격 구조가 같다. 현생 조류에 가까운 테타누라Tetanurae로 분류되는 진정 수각아목 공룡이 1억 9,000만 년 전 쥐라기 전기 지층에서 화석으로 처음 발굴되었고, 이후 중기 화석이 폭발적으로 늘어나기 시작했다.

테타누라 무리는 크게 메갈로사우리오데Megalosauriodea와 아베테로포다Avetheropoda로 나눈다. 조류 수각아목이라는 뜻을 가진 아베테로포다는 알로사우로이데Allosaroidea와 코엘루로사우리아Coelurosauria로 분류한다. 알로사우로이데는 알로사우루스와 비슷한 공룡 무리이고, 코엘로사우리아는 좀 더 새와 가까운 공룡 무리이다. 이 무리에 티라노사우로이데Tyrannosaroidea, 콤프소그나티데Compsognathidae, 마니랍토라Maniraptora가 속해 있다.

쥐라기 후기에 용각아목 공룡과 함께 살아온 알로사우루스는 효율적으로 사냥할 수 있는 최적의 신체 조건을 갖추었다. 빨리 달릴 수 있는 두 다리, 재빠르게 방향을 전환할 때 몸의 균형을 잡아줄 날렵한 꼬리, 전방을 응시할 수 있는 두 눈, 아주 희미한 냄새도 놓치지 않는 후각, 수십 개의 날카로운 톱니 모양 이빨까지 모든 감각과 신경이 사냥을 위해 발달되었다.

알로사우루스는 1877년 미국 고생물학자 오스니얼 찰스 마시가 처음 발굴해 세상에 알려졌다. 기준표본은 알로사우루스 프라길리스*Allosaurus fragilis*이며, 미국 콜로라도주의 모리슨 지층에서 발굴되었다. 알로사우루스에서 알로Allo는 이상한 또는 다른이라는 뜻이고, 프라길리스fragilis는 깨지기 쉬운이라는 뜻이다. 발굴된 척추 골격 화석이 너무 가벼운 나머지 깨지기 쉬워서 붙인 이름이다. 그만큼 실제 몸무게도 다른 용각아목 공룡보다 가벼웠다. 몸길이는 약 8.5미터, 몸무게는 약 1.7톤으로 추정한다.

미국 유타주의 클리블랜드-로이드 채석장에서 다양한 연령대의 알로사우루스 화석 수천 점이 발굴됨으로써 다른 육식공룡보다 자세하게 연구할 수 있었다. 고생물학자들은 이곳에서 발굴된 화석을 연구해 당시 고생태학적·고생물학적 부분을 재구성하는 데 많은 도움을 받고 있다. 지금은 알로사우루스의 성장 과정에서 보이는 특징, 사냥 방법, 집단 생활 등 여러 측면에서 연구가 진행되고 있다. 특히 연령대별 화석 가운데 가장 성체로 알려진 화석을 연구해보니 이들은 성장이 22~28세에 멈추며, 이는 티라노사우루스와 비슷한 성장률이라는 사실을 알아냈다.

화석상 증거에 따르면 알로사우루스는 닥치는 대로 사냥했다. 아파토사우루스의 깨진 골격이 화석화된 그 위에서 알로사우루스의 완벽한 화석이 발견되었다. 또한 스테고사우루스의 꼬리뼈에 맞아서 다쳤다가 회복된 것처럼 보이는 상처를 가진 화석, 용각아목 공룡 골격에 난 이빨 자국의 상처가 알로사우루스의 이빨 크기와 동일한 화석 등이 그 증거이다. 이들이 쥐라기의 다른 육식공룡들처럼 때때로 집단 사냥을 했는지, 계속 단독 사냥을 했는지는 알기 어렵다. 다만 알로사우루스도 자기 몸집보다 몇 배나 큰 용각아목 공룡보다 그들의 새끼나 조반목 공룡 같은 키가 작은 초식공룡을 사냥할 때 성공 확률이 훨씬 높았을 것이다.

알로사우루스는 오늘날 유라시아와 북아메리카 대륙에서 주로 발굴되는 육식공룡의 화석 가운데 가장 유명하다. 모리슨 지층에서 발굴된 알로사우루스와 케라토사우루스*Ceratosaurus* 화석의 비율이 7.5:1이라는 사실은 알로사우루스가 수적으로 우월했다는 것을 보여준다. 흥미로운 점은 알로사우루스 화석이 아프리카 탄자니아의 텐다구루 지층에서도 발굴된다는 것이다. 중생대 쥐라기 후기까지만 해도 모든 대륙이 하나로 연결되어 있었다는 것을 알 수 있다.

알로사우루스와 같은 시대에 살았던 육식공룡으로는 케라토사우루스, 오르니톨레스테스*Ornitholestes*, 토르보사우루스*Torvosaurus* 등이 있다. 이들은 서로 영역이 겹치지 않도록 전 대륙으로 흩어져 가장 잘 살 수 있는 곳에서 살았을 것이다. 먹잇감도 각자 사는 영역에 따라 달랐을 가능성이 크다. 같은 시대를 산 거대한 용각아목 공룡을 목표물로 삼았다간 다리에 밟혀 압사당하거나, 긴 꼬리에 맞아 땅바닥에 내동댕이쳐져 갈비뼈가 으스러지거나, 다리가 부러지는 깊은 상처를 입어서 죽었을지도 모른다. 만약 이 공룡들이 덩치 큰 용각아목 공룡을 사냥하겠다고 마음먹었다면 병이 들어서 움직이기 힘들어 보인다거나 다쳐서 걷지 못하는 경우였을 것이다.

쥐라기의 육식공룡은 티라노사우루스처럼 덩치가 아주 크지는 않아서 필요에 따라 집단 사냥을 했을 것이다. 오르니톨레스테스는 몸길이가 약 2미터밖에 되지 않는 소형 육식공룡으로, 반드시 집단 사냥을 해야 했다. 단독 생활을 한 공룡은 원시 조류나 도마뱀, 작은 포유류를 사냥했을 것이다. 어떤 연구자들은 오르니톨레

스테스가 원뿔형의 이빨을 가진 것으로 보아 호수나 강가 근처에서 물고기를 사냥했다고 보기도 한다. 또한 두개골의 크기에 비해 커다란 안와(눈구멍)는 이들이 야행성이었을 가능성이 있음을 알려준다.

한편 쥐라기의 용반목 공룡 중 수각아목은 용각아목이나 조반목 공룡의 꽁무니를 따라 이동하며 살았다. 초식공룡이 한곳에 오래 머물 수 없던 이유는 자신들이 한 번 지나간 자리의 식물이 초토화되거나 건기에 들어서면 식물을 찾아보기 힘들었기 때문이다. 따라서 식물을 찾아 돌아다니는 초식공룡의 행선지가 육식공룡의 행선지와 겹칠 수밖에 없다. 이런 면에서 대륙이 하나로 연결되어 있었던 것은 그 시대를 살아가는 동물에게는 커다란 행운이었다.

키 작은 식물만 먹어야 했던 조반목 공룡

쥐라기 후기는 조반목Ornithischia 공룡의 번성을 빼놓을 수 없다. 오르니토Ornitho는 새의라는 뜻이고, 이시아ischia는 엉덩이라는 뜻이다. 즉 새의 엉덩이를 닮은 초식공룡 무리를 가리킨다.

초식동물인 조반목 공룡은 육식동물로부터 스스로를 지켜야만 했다. 몸 전체가 단단하게 골질화된 피부로 덮혀 있는 것은 기본이다. 심지어 머리에서부터 꼬리까지 날카로운 뿔과 골침(바늘 같은 뼈) 등을 장착한 모습을 보면 삶 자체가 전쟁터였겠다는 생각이 든다.

쥐라기 전기의 지층에서 발굴되는 조반목 공룡 화석은 앞다리의 길이가 뒷다리보다 상대적으로 짧다. 화석상 증거는 초식공룡이 사족보행부터 시작한 것이 아니라 이족보행을 거쳐 사족보행으로 진화되었음을 알려준다. 브라키오사우루스 같은 용각아목 공룡이 그렇듯 초창기 공룡은 이족보행부터 했다. 그러나 용각아목 공룡과 조반목 공룡이 결국 사족보행을 선택한 이유는 아직까지 정확히 알지 못한다.

조반목 공룡의 머리가 점점 커지고, 온몸을 두른 갑옷 같은 딱딱한 피부 때문에 육중한 몸무게를 두 다리로만 지탱하기가 점점 힘들어졌을 것이다. 그래서 안정적인 보행 방법인 사족보행을 선택했다고 추측하지만, 아직 과학적으로 명확히 밝혀진 근거는 없다.

스테고사우루스 같은 공룡이 크고 육중한 몸통 아래에 짤막한 네 다리로 천천히 걸어다니는 복원도나 이미지만 봐왔기 때문일까. 작은 덩치로 이족보행을 하는 초창기 조반목 공룡의 모습이 잘 상상되지 않는다. 그러나 모든 조반목 공룡이 사족보행만 했던 것은 아니다. 백악기에 등장하는 오리 부리 같은 주둥이를 가진 하드로사우루스류Hadrosauridae와 머리에 헬멧을 쓴 듯한 파키케팔로사우루스류Pachycephalosauridae는 이족보행과 사족보행을 번갈아가며 했다.

조반목 공룡만의 특징은 단연 주둥이이다. 어느 순간부터 다른 공룡에서는 볼 수 없는 현생 조류의 부리처럼 생긴 전치골이라는 독특한 뼈가 나타나기 시작했다. 쥐라기 전기에 살았던 조반목 공룡 헤테로돈토사우루스*Heterodontosaurus*의 두개골 화석에서 새 부리처럼 생긴 뼈 화석이 발굴되었다. 이 화석을 보면 아랫턱만 새 부리처럼 발달했고, 윗턱은 원래 모습 그대로이다. 백악기에 들어서면서부터 전치골이 점점 위와 아래 주둥이 앞부분에 있는 구조로 확장되면서 새 부리처럼 생긴 형태를 갖추게 되었다. 이런 구조는 초식공룡이 질긴 식물을 쉽게 뜯어 먹는 데 매우 유리했을 것이다.

조반목 공룡의 또 다른 특징은 작은 이빨이 듬성듬성 나 있다는 것이다. 스테고사우루스는 아주 작은 이빨을 가지고 있었는데, 버섯처럼 생긴 이 조그만 이빨로 무엇을 할 수 있을까 싶을 정도이다. 위턱과 아래턱에 모두 40개 정도의 이빨이 있으며, 이빨 끝이 마모된 정도를 통해 오래된 이빨과 새로 올라온 이빨을 구분할 수 있다. 이빨의 가장 윗부분부터 뿌리까지 측정한 길이가 약 10미터이고, 너비는 약 4.4미터이다. 이빨의 크기는 모두 제각각이다. 파충류의 이빨은 평생에 걸쳐 빠지고 새로 나는 것을 반복하기 때문이다. 스테고사우루스도 식물을 먹는 동안 수없이 많은 이빨이 빠지고 새로 나기를 반복했을 것이다.

백악기 후기에 등장하는 에드몬토사우루스*Edmontosaurus*는 주둥이 안에 약 3,000개의 작은 이빨이 촘촘히 박힌 치판(작은 이빨이 여러 줄 붙어 있는 구조)이 발달했다. 조반목 공룡은 많은 양의 식물을 먹어야 하는 식성에 맞춰 이빨이 발달했을 것이다.

그동안 스테고사우루스는 작은 두개골로 인해 무는 힘, 즉 턱 힘이 그렇게 세진 않을 것이라고 추측해왔다. 그런데 추측을 뒤엎는 연구 결과가 나왔다. 런던자연사박물관은 2014년 거의 완벽에 가까운 스테고사우루스 스테놉스*Stegosaurus stenops* 화석을 입수했다. 이 화석의 전체 골격 하나하나를 컴퓨터단층촬영CT을 해 연구해보니 스테고사우루스의 턱 힘은 연구자들이 추측했던 것보다 훨씬 강했다. 앞쪽의 턱 힘은 약 140뉴턴N, 중간 이빨의 무는 힘은 약 183.7뉴턴, 가장 안쪽에 있는 이빨의 무는 힘은 약 275뉴턴으로 측정되었다. 현생 초식동물인 양이나 소의 턱 힘과 비슷하다.

스테고사우루스 화석이 가장 많이 발굴되는 미국 콜로라도주 모리슨 지층은 쥐라기 후기에 우기와 건기가 뚜렷한 반건조 지역으로 사막과 비슷했다. 스테고사우루스는 이곳에서 자라는 식물을 주로 먹고 살았으며, 단독 생활을 하거나 가족 단위의 무리 생활을 했을 것이다. 이들과 함께 살았던 알로사우루스는 스테고사우루스를 사냥하기 위해 늘 주위를 기웃거렸을 것이다. 모리슨 지층에서 함께 발굴되는 조반목 공룡으로는 캄프토사우루스*Camptosaurus*, 가고일레오사우루스*Gargoyleosaurus*, 드리오사우루스*Dryosaurus*, 나노사우루스*Nanosaurus* 등이 있다.

스테고사우루스를 사냥하기 위해 커다란 바위 뒤에 몸을 한껏 낮추고 있는 알로사우루스의 모습을 떠올려보자.

어미 스테고사우루스는 새끼가 잘 따라오고 있는지 연신 뒤를 돌아보며 앞을 걸어가고 있다. 듬성듬성 돋아난 가시덤불 같은 풀을 우적우적 씹으며 무거운 발걸음을 떼고 있다. 뒤를 따라오는 새끼는 뭐가 그리 신났는지 여기저기 사방을 뛰어다니면서 흙먼지를 일으키며 총총총 따라오고 있었다.

어미는 천하무적처럼 보였다. 어미의 등에 돋아난 커다란 돛 모양의 골판은 척추를 따라 두 줄로 서 있고, 아주 뾰족한 네 개의 골침이 있는 꼬리를 좌우로 흔들며 걸어가는 모습만 봐도 함부로 덤빌 수 없는 포스를 내뿜었다. 어미와 새끼 스테고사우루스를 지켜보는 알로사우루스는 얼마나 굶었는지 이제 눈에 뵈는 게 없었다. 그저 조그만 새끼를 얼른 한입에 물고 도망가면 될 일이다. 하지만 어미의 무시무시한 몸집에 주눅이 든 알로사우루스는 선뜻 다가가질 못하고 있다.

저 멀리 초록 숲이 보이기 시작한다. 그 숲속에 들어가면 사냥하기가 더 어려울 것이다. 새끼 스테고사우루스가 숨을 수 있는 곳이 더 많아지기 때문이다. 알로사우루스는 힘껏 달리기 시작했다. 새끼를 한입에 물어볼 요량이다. 하지만 육중한 몸이 달리는데 누가 가만히 있을까? 어미 스테고사우루스는 새끼의 앞을 가로막듯 떡하니 버티고 선다. 순간 알로사우루스가 느릿한 동작으로 주위를 살피며 빙빙 돌아본다. 물러설 생각이 없는 어미 스테고사우루스는 날카로운 앞발톱을 세운 뒤 자신에게 덤비는 알로사우루스를 향해 뒤돌아 서서 힘껏 꼬리를 휘두른다. 꼬리에 달린 골침이 알로사우루스의 꼬리 뒷부분에 내리꽂혔다. 알로사우루스가 그 자리에 털썩 주저앉고 만다. 어미 스테고사우루스 역시 따라서 주저앉는다. 알로사우루스의 꼬리에 박힌 골침을 빼낼 수 없던 것이다. 정말 깊이 박힌 모양이다. 두 공룡이 아등바등 서로 빠져나오기 위해 안간힘을 쓰고 있다. 이 모습을 지켜보고 있던 새끼 스테고사우루스는 그저 쳐다볼 수밖에…….

두 공룡의 어지러운 뒤척임은 어미 스테고사우루스의 골침이 빠지는 순간 잠잠해졌다. 하지만 알로사우루스는 더 이상 움직이지 않는다.

하늘의 악동, 익룡

프테로사우루스*Pterosaurs*는 날개 달린 도마뱀, 즉 익룡으로 중생대 트라이아스기 후기에 등장해 백악기 후기까지 존재했다. 지구 역사상 유일하게 하늘을 날았던 파충류이다. 익룡은 공룡이 아니다. 공룡은 중생대 육지에 살았던 파충류만을 뜻하고, 익룡은 중생대 하늘을 지배했던 파충류만을 뜻한다. 어룡과 수장룡은 중생대 바닷속을 지배했던 파충류이다. 따라서 익룡, 어룡, 수장룡을 모두 공룡이라고 부르는 것은 잘못된 상식이다.

익룡 화석은 1784년 이탈리아 역사가이자 과학자인 코시모 콜

리니가 최초로 발굴했다. 이때만 해도 익룡이라는 동물 자체를 몰랐으므로 처음에는 물고기 화석이라고 생각했다. 1801년 프랑스 정치가이자 동물학자 장 레오폴 니콜라 프레데리크 퀴비에가 하늘을 날았던 동물, 즉 익룡이라는 의견을 내놓았다.

익룡이 어떻게 날았는지는 잘 모른다. 고생물학자들도 익룡의 비행 능력이 어디까지인지 계속 논쟁을 벌이고 있다. 일본의 한 연구자는 현생 조류의 비행 능력을 바탕으로 계산한 결과 익룡이 공중에 떠 있는 것 자체가 불가능하다는 결론을 내리기도 했다. 익룡이 중생대 하늘을 날아다닌 방법을 명확히 밝혀내기가 그만큼 어렵기 때문이다. 그럼에도 연구자들은 여러 익룡 화석을 가지고 익룡의 날개 구조를 계속 연구해왔다. 지금은 익룡이 단지 행글라이더처럼 활강을 하며 짧은 거리를 비행한 것이 아니라 현생 조류처럼 날갯짓을 해서 먼 거리까지 비행할 수 있었다고 본다.

익룡의 날개는 현생 박쥐에서 볼 수 있는, 피부로 이루어진 비막으로 되어 있었다. 익룡의 비막은 크게 세 부분으로 구성된다. 첫째 전비막Propatagium(프로파타기움)은 손목과 어깨 사이에 위치하는 비막이다. 둘째 팔비막Brachiopatagium(브라키오파타기움)은 어깨에서부터 기형적으로 길어진 네 번째 손가락과 뒷다리 사이에 위치한 비막이다. 셋째 꼬리비막Uropatagium(유로파타기움)은 뒷다리에서부터 꼬리의 어디 부분까지 연결되어 있었는지 덜 밝혀졌다. 익룡의 종마다 연결된 위치가 모두 다르다고 생각하기 때문이다.

연구자들은 익룡 화석을 통해 상완골이 발달했다는 사실도 알아냈다. 상완골은 윗팔뼈에 해당하는 곳으로, 가슴 근육과 어깨 근육이 붙는 삼각돌기의 크기가 매우 확장되어 있었다. 다시 말해 가슴 근육과 어깨 근육이 발달했다는 뜻이므로 날갯짓을 했다는 점은 분명하다.

안타깝게도 익룡 화석은 중생대 공룡과 어룡, 수장룡, 그리고 다른 파충류보다 발굴 빈도가 낮다. 하늘을 날려면 가벼워야 하기 때문에 뼛속을 비우고 공기를 가득 채워 몸무게를 줄이는 방향으로 진화해갔다. 현생 조류처럼 말이다. 그렇게 해서 매우 약한 구조가 된 익룡의 뼈는 부서지기 쉬워서 화석화되는 경우가 드물다.

주로 쥐라기의 지층에서 발굴되는 람포링쿠스*Rhamphorhynchus*는 긴 꼬리를 가진 익룡이다. 람포Rhampho는 부리, 링쿠스rhnchus는 주둥이라는 뜻이다. 독일의 졸렌호펜 석회암 지층에서 발굴된 람포링쿠스 화석의 보존 상태가 가장 좋다. 날개막과 긴 꼬리 끝에 있는 다이아몬드 형태의 꼬리깃, 긴 주둥이에 나 있는 날카로운 이빨과 가느다란 몸통 골격, 긴 네 번째 앞발가락뼈까지 아주 선명하고 뚜렷하게 화석화되었다.

주둥이 안쪽으로 휘어져 있는 많은 이빨은 엄청 날카롭게 생겼다. 이를 보고 고생물학자들은 람포링쿠스가 물고기를 주식으로 하며 살았을 가능성에 무게를 싣고 있다. 그 증거로 목 부분에서 물고기 화석과 함께 또 다른 람포링쿠스 화석이 발굴됐고, 장 내부와

똥에서 오징어 같은 두족류 잔해가 종종 함께 발굴되기도 한다. 람포링쿠스 뮤엔스테리*Ramphorhynchus muensteri*는 몸길이가 약 1.26미터, 날개를 펼친 전체 길이는 약 1.81미터로 쥐라기 지층에서 발굴된 익룡 중 가장 큰 종으로 알려져 있다. 가장 작은 람포링쿠스는 날개 길이까지 해서 약 29센티미터이다. 이렇게 작더라도 충분히 비행할 수 있다.

람포링쿠스에서 가장 흥미로운 점은 연령별로 꼬리날개의 모양이 다르다는 것이다. 성체에 가까울수록 삼각형에 가깝게 변화하고, 어린 개체일수록 타원이나 바늘 모양에 가깝다.

1831년 독일 에를랑겐-뉘른베르크대학교 동물학 교수 어거스트 골드푸스가 두개골과 몸통, 앞날개의 일부분만 남은 스카포그나투스*Scaphognathus* 화석을 발굴했다. 역시 독일의 졸렌호펜 석회암 지층에서 발굴되었고, 약 0.9미터로 작은 편에 속한다. 스카포그나투스는 뚱뚱한 주둥이라는 뜻인데, 화석상 주둥이가 다른 쥐라기의 익룡보다 뭉툭한 모습 때문에 붙인 이름이다. 지금까지 스카포그나투스의 화석 표본은 세 점이 발굴되었으며, 이를 통해 긴 꼬리를 가진 익룡임을 확인했다.

세리시프테루스 우카이와넨시스*Sericipterus wucaiwanensis*는 중국 신장 자치구의 쥐라기 후기 지층에서 발굴되었으며, 람포링쿠스과에 속한다. 2010년에 비단날개라는 뜻의 이름을 붙였다. 날개를 편 길이는 약 1.73미터이다. 주둥이 윗부분에는 작은 돌기들이 나 있고, 입속에는 날카롭고 휘어진 이빨이 나 있다. 또한 꼬리의 끝부분에는 꼬리날개가 있다.

이를 통해 쥐라기 후기의 익룡은 일반적으로 날카로운 이빨과 꼬리날개를 가지고 있고, 두개골 혹은 주둥이 위쪽에 볏이 있다는 공통점을 찾아냈다. 특히 이들의 크기는 1~2미터 사이로 백악기 익룡에 비하면 매우 작은 편이다.

작디 작은 포유류의 번성

땅과 물에서 살기 시작한 작은 포유류

고생대 후기 두개골에 하나의 측두공을 가지고 있으며, 배아를 감싼 얇은 막인 양막을 만들어내는 동물의 무리가 살았다. 단궁류이자 포유류형 파충류인 이들로부터 포유류가 진화되어 나왔다.

양막은 물속 동물이 육상으로 진출할 수 있는 획기적인 방법 중 하나였다. 초창기 생물은 물에서부터 시작되었다고 해도 과언이 아니다. 물속에 살던 생물이 물을 벗어난다는 것은 건조한 육지에 잘 적응해야만 살아남을 수 있다는 말이다. 이를 해결할 수 있는 방법이 없으면 육지로 나가는 것은 꿈조차 꿀 수 없다. 그런데 몇몇 생물이 결국 물속을 벗어나 육지로 올라오는 데 성공했다. 물속에 살던 포유류 중 양막을 가진 동물 중 일부가 육지에서 삶을 누릴 수 있게 되었다.

단궁류는 크게 반룡류Pelycosaur와 수궁류Therapsid로 분류한다. 이 중 수궁류는 전체적인 골격 구조가 포유류에 더욱 가깝게 발달해갔다. 무엇보다 보행 형태가 달라졌다. 같은 사족보행이라도 악어처럼 어기적거리면서 걷는 게 아니라 다리의 골격이 몸통에서 수직으로 쭉 뻗어 내려가 사자나 호랑이처럼 빨리 달릴 수 있고, 안정적으로 걸을 수 있도록 진화했다. 트라이아스기 중기 수궁류는 현생 포유류의 특징을 가지고 있다. 수궁류는 이후 일종의 탯줄로 모체와 태아를 연결하는 구조물을 가진 태반류와 캥거루처럼 새끼를 주머니에 넣어 키우는 유대류에 가까운 드리올레스테스Dryolestes로 분화한다. 이들은 쥐라기에 들어서면서부터 진정한 포유류로 진화해간다.

반수생동물 도코돈트류Docodonta는 쥐라기 중기에 가장 흔한 초기 포유류 또는 포유류의 근연 그룹인 포유형류Mammaliaformes이다. 로라시아 초대륙 전역에 걸쳐 서식했다. 당시 로라시아 초대륙에 속해 있던 중국에서 수달, 두더지, 다람쥐 등과 유사한 다양한 포유형류의 도코돈트류가 발굴되었다. 따라서 쥐라기 중기에는 초기 형태의 포유류가 다양해졌음을 알 수 있다.

턱의 구조는 점점 단순화되어 포유류와 비슷하지만, 이빨의 모양과 교합(맞물림)만은 전혀 다르다. 포유류의 이빨은 위턱과 아래턱 이빨의 교합이 아주 정교하면서도 복잡한 구조에서부터 시작되어 진화했음을 짐작할 수 있다. 현생 포유류는 먹이와 습성에 따라 모양과 특징이 모두 다르다. 하지만 쥐라기 전기 포유류의 이빨 모양과 교합 형태는 그렇지 않았다는 것을 도코돈트류 화석으로 알 수 있다.

쥐라기 중기 지층에서 발굴된, 쥐라기 전기 도코돈트류의 한 종인 카스토로카우다*Castorocauda*는 특이한 꼬리를 가진 반수생 동물이다. 발굴된 도코돈트류 중 가장 큰 종으로 알려져 있다. 머리에서부터 꼬리까지의 길이는 약 43센티미터, 몸무게는 약 500~800그램이다. 화석상 형태를 보면 마치 현생 오리너구리를 보는 듯하다.

카스토로카우다는 넓적한 꼬리, 헤엄칠 때 유용한 넓은 앞다리, 그리고 땅을 파거나 헤엄치기 좋은 굵은 앞발가락뼈를 가졌다. 뒷발 발가락 사이에 연조직 흔적이 남아 있는데, 이는 뒷발가락 사이사이에 물갈퀴가 있어 헤엄치며 생활했다는 사실을 확실히 보여준다.

몸 표면에는 털의 흔적도 남아 있다. 털은 포유류로 진화하는데 아주 중요한 역할을 했다. 몸의 온도를 일정하게 유지하는 역할과 주변 환경을 살피기 위한 감각모 역할을 한다. 다만 꼬리 부분은 엉덩이와 가까운 곳만 털로 덮여 있고, 끝부분으로 갈수록 약간의 보호 털이 난 비늘로만 덮여 있다. 현생 비버와 아주 유사한 꼬리이다. 또한 카스토로카우다는 안쪽으로 구부러진 어금니로 물고기같이 몸통이 미끄러운 먹이를 잡아먹을 때 유용하게 사용했을 것이다.

이 모든 모습을 종합해보면 카스토로카우다는 현생 오리너구리나 수달과 비슷한 생태학적 위치에 있으며, 반수생 생활을 했던 동물이다. 카스토로카우다가 발굴된 지층에서 수서곤충, 조개, 새우 등 무척추동물뿐 아니라 작은 양서류와 도롱뇽 같은 화석도 함께 나왔다. 당시 물속 생태계의 다양성이 상당히 높았음을 알려준다.

현생 두더지처럼 땅굴을 판 뒤 그 안에서 살았던 동물인 도코포서*Docofossor*, 다람쥐처럼 나무 위에 살았던 아길로도코돈*Agilodocodon* 등 다양한 생태적 지위를 가진 포유류가 중생대 쥐라기 중기부터 폭발적으로 등장해 번성했다. 하지만 포유류는 살아남기 위해 끝임없이 사투를 벌여야 했다. 거대한 공룡과 함께 살았기 때문이다. 포유류가 다양한 생태적 지위를 가지며 개체 수가 늘기 시작하면서부터 먹이경쟁을 할 수밖에 없었다. 포유류의 먹이는 식물, 곤충, 육식, 잡식 등 다양했다. 화석에 남은 이빨의 형태학적 구조가 포유류 먹이가 얼마나 다양했는지 보여준다. 치열한 먹이경쟁에서 우위를 차지하기 위한 포유류의 전략 가운데 하나가 자신들만의 서식지를 찾는 것이다. 이들은 새로 찾은 서식지에 적응하기 위해 서서히 몸도 환경에 맞추어 변화시켰다.

포유류는 트라이아스기 후기부터 서서히 분화되기 시작하다가 쥐라기 중기와 후기를 거치면서 진정한 포유류의 모습을 갖추어갔다. 쥐라기 후기 포유류로 알려진 프루이타포서*Fruitafossor*는 북아메리카 대륙에서 발굴된 화석이다. 몸길이는 약 15센티미터, 몸무게는 약 6그램이다. 아르마딜로나 땅돼지 이빨과 아주 비슷한 이빨로 곤충을 잡아먹으며 살았다. 쥐라기 후기에는 흰개미와 바퀴벌레 같은 곤충이 살았는데, 아마 흰개미가 주식이었을 가능성이 높다. 흰개미는 흰개미목의 불완전변태를 하는 곤충이라서 개미보다 더 원시적인 곤충에 속한다. 프루타포서는 근육질의 뽀빠이 팔처럼 생긴 앞다리 화석 때문에 '뽀빠이'라는 별명이 생겼다. 작지만 아주 굵고 강하게 생긴 어깨뼈와 땅을 파기에 적당한 짧은 앞발가락을 가지고 있어 두더지처럼 땅을 잘 팠다.

2000년부터 독일과 중국은 중국 신장 우루무치시의 치구층에서 공동 발굴 조사를 하고 있다. 연구진은 최근에 발굴한 용각아목 공룡 마멘키사우루스*Mamenchisaurus* 목뼈에서 작은 포유류의 이빨 자국을 발견했다. 더 정확히 말해 마멘키사우루스의 길고 거대한 목뼈를 받쳐주는 경추 늑골에서 발견했다. 쥐라기 후기 지층에서 발굴된 이빨 자국이 남은 흔적화석으로는 가장 오래되었다. 마멘키사우루스는 주로 중국에서 발견되는 쥐라기의 용각아목 공룡이자 목 길이가 가장 긴 공룡이다. 목 길이가 몸길이의 2분의 1을 차지한다. 전체 몸길이는 약 35미터, 몸무게는 약 80톤에 육박하는 엄청 큰 초식공룡이다.

이 공룡이 어떻게 죽었는지는 모른다. 고생물학자들은 날카로운 끌로 뼈를 긁어낸 것처럼 보이는 이빨 자국만 작은 포유류가 한

짓이라고 추측할 뿐이다. 화석상에서 보이는 이빨 자국의 길이는 0.5~1.5밀리미터, 깊이는 0.03~0.25밀리미터로 매우 작다.

화석에서 나온 이빨 자국으로 마멘키사우루스가 죽은 뒤 어떠한 일이 벌어졌는지 유추해보자. 마멘키사우루스가 죽은 후 얼마 지나지 않아 잔치가 벌어졌다. 거대한 육식공룡이 가장 먼저 덤벼들어 포식하고, 그다음 피 냄새를 맡고 날아든 익룡 무리와 소형 육식공룡, 육식성 파충류가 서로 경계하며 굶주린 배를 채운 후 떠났다.

얼마 뒤부터 살이 썩는 냄새가 주변에 진동하기 시작한다. 냄새에 민감한 작은 덩치의 포유류들이 어둑어둑 해가 질 무렵 주위를 살피며 살금살금 다가왔다. 이미 낮 동안 모여든 동물이 거의 다 먹은 뒤라서 남은 살점이라고는 뼈에 겨우 붙어 있는 약간의 연조직이 다였다. 하지만 이 정도면 충분했다. 작은 포유류는 있는 힘껏 뼈에 붙은 살점을 뜯었는데, 이때 뼈까지 긁어낼 정도의 강한 턱 힘 때문에 송곳니 자국을 새기게 되었을 것이다. 분명한 사실은 이빨 자국이 위턱과 아래턱에 난 한 쌍의 송곳니를 사용해 갉아먹은 흔적이라는 것이다. 쥐라기 후기에 위와 아래에 송곳니 자국을 낼 수 있는 이형 치열 구조를 가진 동물은 포유류밖에 없다.

이 화석상 증거는 작은 포유류가 쥐라기의 공룡과 비슷한 시기에 살았다는 것을 다시 한번 입증하는 중요한 자료이다. 더불어 죽은 동물을 먹어 치우는 시체 청소부 역할도 했다는 증거이다. 사실

모든 육식동물이 살아 있는 동물만 사냥했는지, 시체 청소부 역할도 했는지 정확히 알 수 있는 방법이 없다. 뼈에 남은 자국이나 흔적을 조사해 추측만 할 뿐이다.

육식공룡은 앞니, 송곳니, 어금니 할 것 없이 뾰족한 이빨을 가지고 있으며, 초식공룡은 식물을 뜯어 먹기 적당하도록 끝이 뭉툭한 이빨을 가지고 있다. 마멘키사우루스의 이빨 자국 흔적화석은 쥐라기 전기 포유류에서만 볼 수 있는, 앞니, 송곳니, 어금니의 모양이 모두 다른 이형 치열 구조를 가졌다는 사실을 다시 확인시켜 주었다.

대부분 동물의 세계가 그렇듯 무시무시한 덩치를 가진 큰 천적이 날뛰는 곳에서는 몸을 작게 웅크리며 숨어 살아갈 수밖에 없다. 당시 포유류는 어느 곳이든 작은 몸을 숨기기에 적당하면 그만이었다. 먹이 또한 이들의 서식지 근처에서 쉽게 찾을 수 있는 것이라면 만족했다. 거대한 초식공룡의 죽음은 포유류는 물론이고 많은 동물에게 운수 좋은 날이었을 것이다.

4 이 시기에 새도 존재했을까

모두 새로 분류했던 깃털 달린 화석의 발견

아르케옵테릭스*Archaeopteryx*는 쥐라기 후기 약 1억 5,800만 년에서부터 1억 4,850만 년까지 살았다. 아르케오Archaīos는 고대, 프테릭스Ptéryx는 깃털 또는 날개라는 뜻이다. 최초로 발견된 하나의 깃털에 붙인 학명이다. 우리나라에서는 '시조새'라고 부르기도 한다. 아르케옵테릭스는 얼핏 보면 새 같기도 하고, 공룡 같기도 하다. 공룡 연구자들은 19세기 후반에서 21세기 초반까지만 해도 새의 조상이라고 생각해 '새'로 분류했다. 그 뒤 다양한 연구가 진행되면서 지금은 수각아목-아르케옵테릭과 공룡으로 분류한다.

아르케옵테릭스 화석은 모두 독일 바이에른주의 졸렌호펜 석회암층에서 발굴된다. 당시 이곳은 지리적으로 적도에 가까워서 열대성 기후가 나타났다. 주변에는 작은 섬들이 있었다. 아르케옵테릭스는 섬이기는 하지만 퇴적 지형이 바다를 막아 생기는 호수인 석호에서 살았다. 건기가 길고 비가 거의 내리지 않았던 터라 크고 울창한 침엽수림은 만들어지지 않았다. 하늘 높이 뻗은 나무는 보기 힘든 대신 2~3미터 되는 관목이 주를 이루었고, 양치식물과 소철이 관목 사이를 채우고 있었다. 이곳에서 발견된 동물 화석은 대체로 덩치가 작다. 대다수 곤충을 포함한 무척추동물, 작은 도마뱀, 람포링쿠스같이 작은 익룡, 수각아목 공룡에 해당하는 콤프소그나투스*Compsognathus*가 발견된 곳이기도 하다.

아르케옵테릭스 화석은 공룡과 새의 중간 형태를 띠고 있어서 깃털이 있던 흔적만 보면 새라고 오인할 만하다. 그런데 골격을 살펴보면 다르다. 부리처럼 생긴 주둥이에는 날카로운 이빨이 가득하고, 앞다리에는 예리한 앞발톱이 달린 긴 발가락 세 개, 긴 뒷다리에는 발가락 네 개가 있다. 결정적으로 새의 주요 특징인 긴 꼬리뼈와 커다란 가슴뼈가 없다. 즉 새보다는 공룡에 더 가깝다.

하나의 깃털 화석에서 시작된 아르케옵테릭스 화석은 지금까지 열두 점이 발굴되었다. 2010년 한 수집가가 발굴한 열두 번째 화석은 2018년도에 과학적으로 아르케옵테릭스 화석이 맞다고 밝혀졌다. 깃털은 없지만 두개골과 몸통 전체의 완전한 골격을 볼 수 있는 유일한 화석이다.

아르케옵테릭스 화석은 진위 여부를 두고 다른 어떤 화석보다 논란이 많았다. 깃털이 위조되었다거나 화석의 보존 상태가 엉

아르케옵테릭스 화석

망이어서 신뢰할 수 없다는 등 많은 가십거리를 가진 화석으로 유명하다. 논란은 현재 진행형이다. 최근에도 가장 처음 발견된 깃털 화석에 관한 논란이 일어났다. 이 화석의 깃털은 깃대를 중심으로 S자형 비대칭 구조이다. 즉 하늘을 나는 새의 깃털과 같은 구조를 가진 것이다. 그런데 2019년 미국 과학진흥재단의 토마스 카예 박사와 동료 연구원 네 명은 이 깃털은 아르케옵테릭스의 깃털이 아니라는 주장을 제기했다. 연구진은 레이저 자극 형광 기법을 활용해 깃털 화석을 면밀히 조사했다. 이 기법을 통해 이전에는 볼 수 없었던 부분까지 정확히 조사할 수 있었다.

연구진은 세 가지를 근거로 아르케옵테릭스의 깃털 화석이 아니라는 결론을 내렸다. 첫째 아르케옵테릭스의 주 날개 깃털은 일직선 구조인데, 이 깃털 화석은 S자형이다. 둘째 대칭 구조를 지닌 아르케옵테릭스의 꼬리 깃털과는 다르게 비대칭 구조이다. 셋째 두 번째로 발견된 아르케옵테릭스 깃털 화석과 형태가 유사하지만, 길이가 훨씬 짧다.

이와 함께 연구진은 하나의 깃털 화석만 가지고 아르케옵테릭스의 깃털 화석으로 단정 짓는 것은 타당하지 않으며, 같은 시기에 날개를 가진 새의 조상이 살았을 가능성에 대해서도 의구심을 나타냈다. 그런데 다음 해인 2020년 이 논문에 대한 반박 논문이 발표되었다. 미국 플로리다대학교 생물학과 교수 라이언 카니, 고생물학자 헬무트 티슐링거, 벨기에 겐트대학교 생물학과 교수 매튜 쇼키로 구성된 공동 연구진이 발표한 논문이다. 연구진은 열두 점의 화석 표본 중 깃털의 흔적이 명확히 드러난 화석 표본 다섯 점을 선정해 조사, 연구했다.

이들은 반박 논문에서 첫째 최초의 깃털 화석이 발견된 지역에서 네 점의 표본이 더 발견되었으며, 둘째 2000년에 발굴된 아홉 번째 아르케옵테릭스 화석 표본은 날개 골격이 있는 화석이었다. 이 아홉 번째 표본과 최초의 깃털 화석은 다른 부분이 아닌 크기와 형태가 거의 일치한다고 주장했다. 최초의 깃털 화석은 날개 구조에서 주 덮개에 해당한다는 것이다. 더 나아가 연구진은 고출력 스캐닝 전자현미경으로 멜라닌 색소를 만드는 멜라노솜의 흔적을 발견해 깃털의 색깔까지 알아내는 데 성공했다. 연구진은 아르케옵테릭스의 깃털 색깔이 95퍼센트 확률로 무광 검정색이라고 발표했다. 2013년 영국 맨체스터대학교 지구대기 환경과학과 교수 필립 매닝과 여덟 명의 공동 연구진이 발표한 검은색과 흰색이 섞였다는 가설을 뒤엎은 것이다.

지금까지 제기된 수많은 가설과 주장만 보아도 아르케옵테릭스에 관한 지대한 관심은 오랜 시간이 지나도 여전할 듯하다. 새로운 화석을 발굴하고 과학 기술이 발달할수록 과학자들은 아르케옵테릭스의 수수께끼를 하나씩 풀어갈 것이다.

아르케옵테릭스는 어떤 하루를 살았을까? 잠시 먼 과거로 돌아가 보자.

빽빽이 들어선 관목 사이로 괴상한 울음소리가 들린다. 까무잡잡하고 자그마한 몸집을 가진 무엇인가가 이 나무에서 저 나무로 날아가듯 갈아타며 재빠르게 이동하고 있다. 어떤 동물을 뒤쫓아가고 있는 듯하다. 움직임을 봐서는 사냥감을 놓친 상태다. 날개처럼 보이는 긴 앞다리를 펼치고 나무둥치에 딱 달라붙어 앉아서 다음 사냥을 하기 위해 다시 숨 고르기를 하고 있다. 가느다란 관목임에도 불구하고 이 녀석의 몸통이

가려질 정도이니 소리만 내지 않으면 그 누구도 정체를 눈치 채지 못할 것이다.

나무둥치에 달라붙어 숨죽여 기다리는 동안 녀석의 커다란 두 눈이 땅에서 움직이는 작은 도마뱀을 포착했다. 도마뱀은 잠시 햇빛을 쬐러 나왔는지 한적한 호숫가 옆 커다란 바위로 천천히 올라간다. 바위 위에서 네 다리는 쫙 벌리고 배를 깐 채 해를 향해 해바라기를 한다. 밤새 내려간 체온을 올리는 중이다.

나무둥치에서 도마뱀을 지켜보던 녀석이 천천히 그리고 조용히 작은 몸을 일으켜 세운다. 이내 앞다리와 뒷다리를 펼쳐서 도마뱀을 향해 몸을 날린다. 날쌘 도마뱀이 재빠르게 바위 틈 사이로 몸을 숨겼다가 관목이 줄지어 선 숲을 향해 냅다 달리기 시작한다. 하지만 관목이 즐비한 숲에선 아르케옵테릭스를 당할 재간이 없다. 도마뱀이 죽을힘을 다해 나무 위로 기어올라간다. 이 움직임을 보고 있던 녀석은 한달음에 도마뱀이 있는 나무 위로 순식간에 올라갔다. 양팔을 쫙 펼치며 마치 날갯짓을 하는 것처럼. 아르케옵테릭스의 주둥이엔 어느새 작은 도마뱀이 네 다리를 축 늘어뜨린 채 물려 있다.

3장

바닷속 생물들

1 바닷속 먹이사슬의 꼭대기를 선점한 해양 파충류

쥐라기의 바다는 따뜻했다. 과학자들은 지질시대의 기후를 어떻게 알아낼까? 여기에는 지구화학적 증거를 찾아내는 해양 화석 산소 동위원소 분석법이 쓰인다. 일반 산소 ^{16}O과 그 동위원소 ^{18}O의 비율을 측정해 온도를 알아내는 방법이다. 맨눈으로도 보이는 단세포 생물 유공충은 바닷속 산소를 품고 있다. 유공충을 둘러싼 탄산칼슘 껍데기에는 산소가 쌓인다. 따라서 유공충 화석에 있는 ^{16}O과 ^{18}O의 비율을 측정하면 고기후를 알아낼 수 있다. 저위도 지역 해양의 표층 해수 온도는 섭씨 약 20도, 바다 깊은 곳의 심층수는 섭씨 약 17도였다. 극지방의 빙하는 아직 형성되지 않아 빙하기가 없었다.

해수의 순환은 지구 기후에 절대적인 영향을 미친다. 바닷물의 수평적인 밀도차에 의한 밀도류, 해면의 경사로 때문에 일어나는 경사류 등 순환의 원인은 다양하다. 쥐라기에는 밀도류와 경사류 등이 활발하지 않았다. 다시 말해 밀도류와 경사류 등이 안정되어 있었기 때문에 다양한 생물이 서식하기에 좋은 환경이었다. 경골어류는 지금과 비슷할 정도로 수많은 어종이 살았다. 특히 연체동물과 따뜻한 바다에서만 서식하는 산호초는 쥐라기 바다에서 흔히 볼 수 있는 종이었다.

지금 바다에서는 볼 수 없는 해양 파충류도 살았다. 이들이 바다에 등장하게 된 이유에 대한 가설은 아주 많다. 가장 유력한 가설은 현생 고래처럼 육지에 살았던 파충류 중 한 종이 바다로 되돌아갔다는 가설이다. 이크티오사우루스류, 즉 어룡류는 보자마자 바로 돌고래가 떠오를 정도로 아주 비슷하게 생겼다. 이들은 트라이아스기에 등장해 쥐라기 후기까지 번성하며 바다를 주름잡았다. 그러다가 백악기에 들어서면서부터 점점 그 수가 감소했고, 백악기 바다는 모사사우루스 같은 해양 파충류가 어룡류의 자리를 대체한다.

이크티오사우루스*Ichtyosaurus*에서 이크티오Ichtyo는 물고기 또는 어류라는 뜻이다. 지금까지 분류된 어룡류는 50개 속으로 공룡의 900개 속에 비하면 적지만, 당시 해양 파충류가 바다에서 얼마나 번성했는지 가늠해볼 수 있는 수치이다.

어룡류의 몸길이는 1~20미터까지 다양하다. 몸의 형태는 돌고래와 비슷하게 생겼지만, 꼬리는 세로로 서 있어 상어와도 비슷하다. 황새치처럼 뾰족하게 생긴 주둥이는 다른 어종을 사냥하는 데 아주 유리했다. 앞지느러미가 뒷지느러미보다 훨씬 컸으며, 앞지느러미가 발달해서 헤엄칠 때 순간적으로 방향을 전환할 수 있었다.

어룡류가 육상동물로 살다가 바다로 되돌아갔다는 가설의 결정적 증거는 화석이다. 화석에서 어룡류의 앞뒤 지느러미에 다리 골격들이 남아 있는 것을 확인할 수 있다. 앞지느러미에는 앞다리 골격인 상완골, 척골과 요골이 있으며, 뒷지느러미에는 뒷다리 골격인 대퇴골과 비골, 경골이 그대로 남아 있다. 등쪽에는 하나의 지느러미가 발달되어 있다.

어룡류는 지금까지의 척추동물 중 눈이 가장 큰 종으로 알려져 있다. 1,600미터까지 잠수가 가능한 어룡은 어둡고 깊은 물속에서도 사냥이 가능했다. 배 속 근처에서 나온 두족류의 잔해와 작은 물고기, 거북 등이 주요 먹잇감이었다. 또한 깊은 물속에서 빠르게 수면 위로 올라올 때 발생하는 감압병에 걸렸다는 사실도 알아냈다. 어룡류는 어류가 아니므로 아가미가 없었다. 그래서 호흡을 하기 위해 고래처럼 수면 위로 올라와야 했다. 감압병은 뼈를 괴사시킨다. 쥐라기의 어룡류 화석에서 골격이 괴사한 경우는 약 15퍼센트, 백악기의 어룡류 화석에서 괴사한 경우는 약 18퍼센트였다. 그러나 트라이아스기의 어룡류 화석에서는 감압병 징후가 나타나지 않았다. 이를 통해 트라이아스기 어룡은 깊은 바다로 잠수하지 못했거나 하지 않았던 반면, 쥐라기와 백악기 어룡은 바다 깊은 곳까지 잠수할 수 있는 신체적 조건을 가졌다고 유추할 수 있다.

어룡류는 바닷속에서 어떻게 번식했을까? 육지에 사는 파충류는 알을 낳았지만, 이들은 배 속에서 알을 부화시켜 새끼를 낳았다. 배 속에 새끼가 있는 채 화석이 된 것도 있고, 새끼가 산도를 통해 나오기 직전의 화석도 나왔다. 새끼가 산도를 빠져나오는 중간에 어미가 죽자 새끼도 죽어서 된 화석이다.

쥐라기 전기의 어룡류 화석에서 새끼가 어미의 산도에서 머리부터 빠져나와 태어났다는 증거를 찾을 수 있다. 그런데 다른 쥐라기 어룡인 스테놉테리기우스*Stenopterygius*, 베사노사우루스*Besanosaurus*, 플라티프테리기우스*Platypterygius* 화석에서는 새끼가 꼬리부터 산도로 빠져나왔다는 증거를 찾아냈다. 이것으로 보아 쥐라기 어룡은 꼬리부터 태어나는 것을 선호했다는 것을 알 수 있다. 현생 포유류와 마찬가지로 암컷의 골반 크기보다 두개골이 더 클 경우 산도를 빠져나오는 것이 쉽지 않기 때문이다.

해양 무척추동물의 번성

앵무조개와 함께 살았던 암모나이트

수억 년 전에 살았던 생물은 모두 멸종했거나 전혀 다른 형태로 진화해갔다. 하지만 '살아 있는 화석'이라 불리는 실러캔스*Coelacanth*, 투구게, 앵무조개, 은행나무 등은 수억 년 전 모습 그대로 아직도 살아 있다. 화석으로도 발굴되는 이들은 전혀 달라진 모습을 찾아볼 수 없다.

노틸로이드*Nautiloid*는 우리나라에서는 '앵무조개'라고 한다. 이들은 고생대 바다에서부터 지금까지 그 모습 그대로 살아가고 있지만, 앵무조개와 유사하게 생긴 암모나이트는 고생대 말에 출현해 중생대에 모두 멸종하고 만다. 그런데 멸종한 종을 현재 살고 있는 유사한 종의 조상으로 착각하는 경우가 종종 있다. 둘의 관계가 바로 그렇다. 앵무조개는 암모나이트가 출현하기 전부터 고생대 전기의 바다를 누비고 다닌 연체동물이다. 연체동물문-두족강-노틸로이드아강(앵무조개아강)으로 분류하며, 암모나이트는 연체동물문-두족강-암모노이드아강으로 분류한다. 둘은 머리에 발이 달린 오징어, 문어처럼 두족강이라는 같은 특징을 가지고 있다. 공통 조상에서 출발했으나 아강 수준에서 나뉜 것이다.

생물 분류는 생물의 공통 특징과 관계를 바탕으로 서로 다른 종들 사이의 유사점과 차이점을 이해하고, 이를 기준으로 분류하는 작업이다. 또한 생물을 분류하는 과정에서 생물의 다양성을 이해하는 데 도움이 된다. 체계적으로 분류하면 특정 분야 혹은 특정 종을 탐구하거나 비교·연구할 수 있다. 생물의 진화와 적응, 생태학적 역할 등을 이해할 수 있는 기준도 된다. 아주 비슷해 보이는 앵무조개와 암모나이트가 어떤 기준에 따라 분류되었는지 알면 둘의 관계와 특징을 더욱 이해하기 쉽다.

앵무조개와 암모나이트는 얼핏 보면 같은 생물로 보인다. 격벽, 소실(작은 방), 체관, 체강 등 기본 구조가 같기 때문이다. 격벽은 안쪽의 체강을 나누는 동시에 각각의 소실을 만든다. 격벽과 소실을 나누는 부분이 봉합선이다. 앵무조개와 암모나이트를 형태학적 측면에서 살펴보면 격벽, 소실, 체관, 봉합선의 모양 등에서 차이가 난다. 앵무조개의 체관은 소실의 가운데를 통과하는 구조이지만, 암모나이트의 체관은 껍데기 바깥쪽에 위치하고 있다. 체관은 이들이 먹은 음식의 영양분을 이동시키는 데 중요한 역할을 했다. 어떤 연구자들은 체관의 위치가 암모나이트를 멸종에 이르게 했고, 앵무조개가 살아남는 데 가장 큰 역할을 했다고 주장한다. 암모나이트의 체관이 껍데기 바깥쪽에 위치했기에 포식자들의 공격을 받으면 쉽게 죽었다는 것이다. 반면 앵무조개의 체관은 체강 가운데에 있으므로 다른 생물이 공격하더라도 생명줄이나 다름없는 체관이 쉽게 손상되지 않았다고 본다. 이 주장도 가설일 뿐 정확한 과학적 증거는 없다.

앵무조개의 소실은 체관에 의해 크게 둘로 나뉜다. 앵무조개는 현생종이므로 소실의 역할을 명확히 알 수 있다. 소실은 부력을 가질 수 있도록 한쪽 방은 액체로 채워져 있고, 다른 쪽 방은 공기로 채워져 있다. 소실이 있어 바닷속을 부유할 수 있다. 액체를 많이

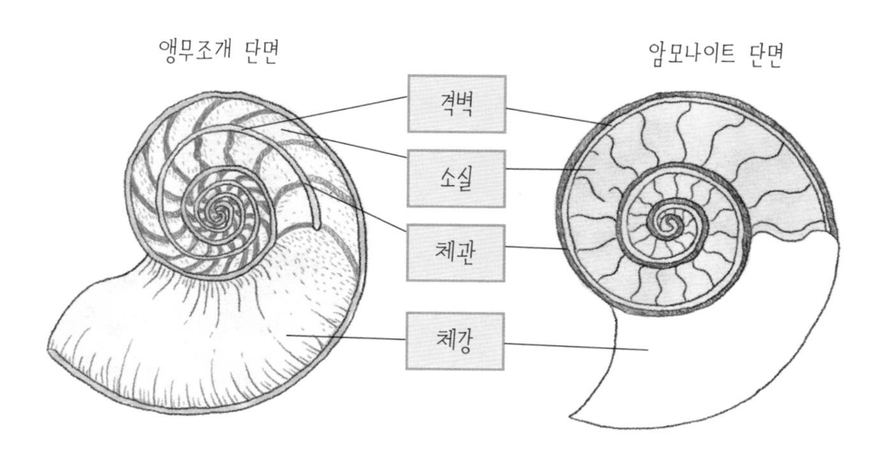

앵무조개와 암모나이트 단면 비교

담으면 바다 깊은 곳으로 가라앉고, 액체 대신 기체(공기)를 많이 담으면 해수면으로 올라오게 된다. 앵무조개는 소실로 부력을 조절하면서 바닷속에서 먹잇감을 사냥하며 살고 있다.

암모나이트도 앵무조개와 비슷한 생활을 했을 것이다. 둘의 화석을 보면 일반적으로 격벽으로 나뉜 소실은 광물질로 바뀌어 있거나 텅 비어 있는 모습을 확인할 수 있다. 머리와 다리, 눈 등 연질부로 이루어진 신체의 일부분을 넣었다 뺐다 하는 체강이 퇴적암으로 채워져 있기도 하다.

봉합선은 격벽과 소실 사이의 경계선이다. 이들이 어떻게 연결되어 있느냐에 따라 봉합선의 무늬가 다양하게 나타난다. 그래서 봉합선 구조가 이들의 진화 정도를 알 수 있는 기준으로 활용되고 있다. 앵무조개류는 암모나이트를 포함한 두족강과 다르게 고생대 캄브리아기 전기에 출현한 두족강이다. 고생대 데본기에 등장한 고니아타이트Goniatite에서는 약간 복잡한 봉합선 구조가 나타나고, 중생대 전기에 등장한 세라타이트Ceratite는 조금 더 복잡한 봉합선을 가지고 있다. 암모나이트의 봉합선 구조가 가장 복잡하다.

왜 점점 봉합선 구조를 복잡하게 만들었을까? 소실은 격벽과 껍데기의 연결을 통해 만들어진다. 봉합선이 복잡하다는 것은 그만큼 소실의 구조가 복잡하다는 뜻이다. 봉합선이 복잡해질수록 소실의 표면적은 넓어진다. 소실의 표면적이 넓어지면 부력에 영향을 주었을 것이므로 생존하는 데 꼭 필요한 변화였을지도 모른다. 험난한 바닷속에서 살아남기 위해 나름대로 노력했다는 사실을 알 수 있다. 그런데 이런 시도들이 살아남는 데 많은 도움이 되지는 못했던 모양이다. 앵무조개 말고는 모두 멸종했으니 말이다. 가장 단순한 봉합선 구조를 가진 앵무조개는 여전히 바닷속을 누비며 살고 있지만, 가장 복잡한 봉합선 구조를 가진 암모나이트는 멸종한 것을 보면 아이러니하다.

바다의 백합, 극피동물

크리노이드*Crinoid*는 백합을 뜻하는 그리스어 크리논Krinon과 형태를 뜻하는 eidos가 합쳐진 이름이다. 백합처럼 바닷속에서 예쁘게 피어 부유하는 모습을 보면 식물인가 싶지만 식물이 아니다. 바다의 백합 또는 '바다나리'라고 불리는 동물로, 성게류, 불가사리류, 해삼류 같은 극피동물문에 해당한다. 바다나리는 극피동물문–바다나리아문–바다나리강으로 분류한다. 수많은 고착성 바다나리가 고생대의 바다에서부터 번식하며 살아왔다. 줄기에서 뻗어나온 뿌리로 바닥에 붙어 살아가는 바다나리는 얼마 전까지 멸종했다고 알려졌었다. 그런데 이들은 여전히 바다에 서식하고 있었다. 2009년 수심 420미터에서 고착성 바다나리 무리를 촬영하는 데 성공했다.

고착한다는 것은 어딘가에 붙어서 살아간다는, 이동에 제한이 있다는 말이다. 이동하지 못하는 동물은 생존하기가 쉽지 않다. 바다나리는 바다 밑바닥이나 바다에 떠다니는 단단한 물체에 붙어 살았다. 아니면 직접 부포와 같은 구조물을 만들어 바다 표면에 떠다니며 살았다. 이렇듯 바다나리는 스스로 이동할 수 없다는 단점을 가지고 있지만, 그렇다고 해서 전혀 이동하지 못하는 것은 아니다. 고착한 곳의 환경이 좋지 않거나 먹잇감이 풍부하지 않은 경우에는 다른 고착물을 찾아 이동한다. 그렇지 않았다면 이들은 그리 오래 생존하지 못했을 것이다. 바다나리가 줄기를 최대한 길게 자라게 하고, 미세 촉수를 최대한 많이 가지는 방향으로 진화한 것도 고착 상태에서 바다에 떠다니는 플랑크톤이나 작은 생물을 잡아먹기 위해서이다.

독일의 홀츠마덴은 쥐라기에 형성된 흑색 셰일층이다. 이 지층에서는 한 편의 그림을 보는 듯한 바다나리 화석이 발굴된다. 화석만 보고서는 그 누구도 동물이라고 생각하지 못할 것이다. 이들이 화석으로 남을 수 있었던 이유는 몸체를 구성하는 주성분이 석회질로 되어 있기 때문이다.

고착성 바다나리는 생존에 있어서는 아주 취약하다. 하지만 이들도 스스로를 방어하기 위한 최소한의 무기를 가지고 있다. 다른 동물의 공격을 받으면 촉수를 통해 독성을 가진 화학물질을 분비한다. 불가사리처럼 공격받은 부위를 스스로 끊는 능력과 끊어진 부위를 다시 재생하는 능력도 있다. 바다나리의 촘촘한 깃가지는 작은 동물(작은 새우, 게, 물고기, 거미불가사리 등)의 은신처로 매우 적

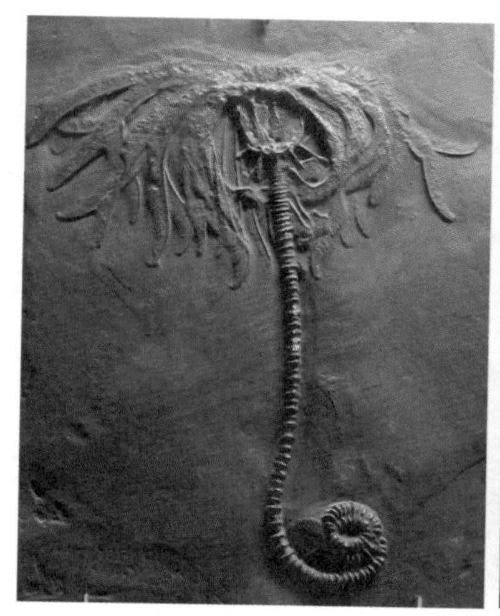

바다나리 화석(왼쪽)과 현생 바다나리(오른쪽)

합한 장소이기도 하다. 모두 현생 바다나리에서 알아낸 사실이다. 공생하는 작은 동물이 적의 공격으로부터 보호해주는 역할도 했을 것이다. 쥐라기의 바다나리도 이러한 방법을 가졌던 것으로 추측한다.

바다나리도 동물이라서 입과 항문이 있으며, 암컷과 수컷으로 나뉜다. 이들의 생식선은 팔이라고 불리는 기관 속에 있다. 어느 정도 성숙하면 암컷 바다나리는 알을 뿜고, 수컷 바다나리가 정액을 뿜어서 수정시킨다. 그 후 어린 개체들은 바닷속 어딘가에서 살 만한 적당한 곳에 뿌리 내린 뒤 고착 생활을 이어나간다.

지붕 도마뱀

스테고사우루스

Stegosaurus

분류 조반목-검룡아목-스테고사우루스과

식성 초식성

발굴 지역 미국 유타주 모리슨 지층, 포르투갈

생존 시기 쥐라기 후기(1억 5,500~1억 4,500만 년 전)

크기 몸길이 약 7~9미터, 몸무게 약 5~6톤

특징 스테고사우루스는 모리슨 지층에서 발굴된 스테고사우루스 스테놉스, 스테고사우루스 웅굴라투스*Stegosaurus ungulatus*, 스테고사우루스 술카투스*Stegosaurus sulcatus* 종밖에 없다.

사족보행을 하는 초식공룡으로, 짧은 앞다리, 긴 뒷다리, 골침이 있는 꼬리를 가지고 있다. 뇌의 용량은 탁구공 크기 정도였다. 짧은 목과 작은 두개골로 보아 주로 키가 작은 관목을 먹었다. 주둥이 모양은 거북과 비슷하며, 앞쪽에는 이빨이 없고 뺨 양쪽에 이빨이 나 있다. 이빨은 삼각형으로 작고 납작하다. 앞다리에 비해 긴 뒷다리를 가졌지만, 뒷다리의 아랫다리뼈가 대퇴골에 비해 짧은 편이라 빨리 달리지 못했다. 최대 속력은 시속 약 6~7킬로미터였다.

가장 큰 특징은 등에 나 있는 커다란 골판이다. 지금까지 발견된 골판 중 가장 큰 것의 길이가 60센티미터에 달한다. 척추를 따라 발달한 삼각형 모양의 골판이 17~22개 정도 나 있다. 골판의 기능은 아직 잘 모른다. 적의 공격으로부터 방어하기 위한 용도로 보기에는 너무 허술하다. 골판이 위쪽으로만 솟아 있기 때문에 몸통의 옆면은 보호할 수 없다.

꼬리 골침은 육식공룡으로부터의 방어용, 짝짓기할 때 과시용 등이었을 것으로 추측한다. 스테고사우루스 웅굴라투스의 꼬리 골침의 크기는 약 60~90센티미터에 달한다.

두 개의 기둥

디플로도쿠스

Diplodocus

분류 용반목－용각아목－디플로도쿠스과
식성 초식성
발견 지역 북아메리카 미국
생존 시기 쥐라기 후기(1억 5,400~1억 5,200만 년 전)
크기 몸길이 약 26~27미터, 몸무게 약 20~25톤
특징 디플로도쿠스 카르네기는 완전한 골격으로 발굴된 공룡이다. 사족보행을 했으며, 긴 목과 채찍 같은 긴 꼬리를 가진 것으로 잘 알려져 있다. 긴 꼬리는 80개의 꼬리뼈로 이루어져 있다. 육식공룡이 공격하면 긴 채찍 같은 꼬리를 휘둘러 방어했을 것이다.

이들의 앞다리는 뒷다리보다 짧은데, 몸의 균형(수평)을 맞추기 위해서이다. 또한 길고 튼튼한 뒷다리와 긴 꼬리로 지면을 받친 상태에서 앞다리를 번쩍 들어올려 아주 높은 나무 꼭대기에 있는 식물의 잎이나 가지를 먹었다. 그래서 같은 시대, 같은 장소에 살았던 스테고사우루스 공룡과의 먹이경쟁은 없었다고 본다.

앞발은 말발굽처럼 생겼다. 가운데 발가락에만 크고 날카로운 발톱이 있고, 나머지 발가락에는 발톱이 없다. 두개골은 덩치에 비해서 아주 작아 뇌의 크기도 작았을 것이다. 목은 15개의 목뼈로 이루어져 있다.

아주 작은 못처럼 생긴 이빨이 있는데, 성체 디플로도쿠스의 이빨은 주둥이 앞쪽에만 있고 뺨 쪽에는 없다. 이빨의 마모 상태를 보면 모두 안쪽 끝부분만 닳아 있다. 이러한 점들을 고려해보면 디플로도쿠스는 나뭇잎이나 나뭇가지 등을 주둥이 끝에 있는 이빨로 뜯어서 씹지 않고 바로 삼켰을 가능성이 크다. 배 속으로 들어간 식물은 위석과 섞여 잘게 갈리기 때문에 쉽게 소화시켰을 것이다.

두개골 꼭대기에 있는 콧구멍 때문에 어떤 연구자들은 디플로도쿠스가 물에서 살았을 것이라고 주장한다. 그러나 콧구멍을 통한 호흡만으로 어마어마한 덩치 전체에 산소를 보낼 수 있었는지 의문이 남는다. 어떤 연구자들은 디플로도쿠스가 포유동물이나 파충류와 다르게 새처럼 호흡 기관(기낭)을 따로 가지고 있었다고 주장한다.

팔 도마뱀

브라키오사우루스

Brachiosaurus

분류 용반목－용각아목－브라키오사우루스과

식성 초식성

발견 지역 미국 콜로라도주, 유타주, 오클라호마주, 아프리카 탄자니아

생존 시기 쥐라기 후기(1억 5,400~1억 5,000만 년 전)

크기 몸길이 약 18~22미터, 몸무게 약 28.3~46.9톤

특징 브라키오사우루스 화석은 1900년 미국 콜로라도주의 그랜드강 근처에서 처음 발굴되었다.

브라키오사우루스는 사족보행을 하는 초식공룡이다. 긴 목, 긴 꼬리, 어마어마하게 굵은 다리 골격을 가지고 있다. 앞다리가 뒷다리보다 더 길다. 예전에는 콧구멍이 두개골 끝에 위치하고 있다고 보았는데, 지금은 눈과 눈 사이에 위치하고 있는 것으로 보고 있다.

커다란 덩치에 비해 두개골은 아주 작으며, 주둥이 안에는 숟가락 모양의 이빨이 나 있다. 은행나무, 다양한 침엽수, 나무고사리류, 소철류가 번성한 시기라서 브라키오사우루스는 이들 나뭇잎을 하루에 약 200~400킬로그램씩 먹어 치웠을 것이다.

이상한 도마뱀

알로사우루스

Allosaurus

분류 용반목－수각아목－알로사우루스과

식성 육식성

발견 지역 북아메리카 미국, 포르투칼

생존 시기 쥐라기 후기(1억 5,500~1억 4,500만 년 전)

크기 몸길이 약 8.5미터, 몸무게 약 1.7톤

특징 알로사우루스 화석은 미국 유타주의 모리슨 지층에서 가장 많이 발굴되었다. 중생대 쥐라기 후기 살았던 공룡 중 먹이사슬의 최상위에 군림했던 무시무시한 육식공룡이다. 커다란 두개골과 짧은 목, 긴 꼬리를 가진 반면, 앞다리는 뒷다리 길이의 3퍼센트밖에 되지 않을 만큼 아주 짧았다. 강한 앞다리에는 날카로운 갈고리 모양 발톱이 세 개가 있으며, 가장 긴 앞발톱의 길이는 약 20센티미터이다. 알로사우루스 두개골 앞쪽에는 한 쌍의 뿔이 나 있으며, 크기와 모양이 다양하다. 또한 주둥이는 70개 이상의 두껍고 날카로운 이빨로 가득했다.

알로사우루스의 주요 사냥감은 스테고사우루스, 아파토사우루스 같은 초식공룡이며, 특히 스테고사우루스 목 부위 골판에서 알로사우루스의 선명한 이빨 자국이 남은 화석이 발굴되기도 했다.

3부 중생대 백악기

약 1억 4,500만 년에서부터 6,600만 년 전까지

케찰코아틀루스
Quetzalcoatlus
에드몬토사우루스
Edmontosaurus
드리오필룸
Dryophyllum
티라노사우루스
Tyrannosaurus
안킬로사우루스
Ankylosaurus
징기베롭시스
Zingiberopsis
보레알로수쿠스
Borealosuchus
팔라에오사니와
Palaeosaniwa
테스켈로사우루스
Thescelosaurus
파키케팔로사우루스
Pachycephalosaurus
키몰롭테릭스
Cimolopteryx

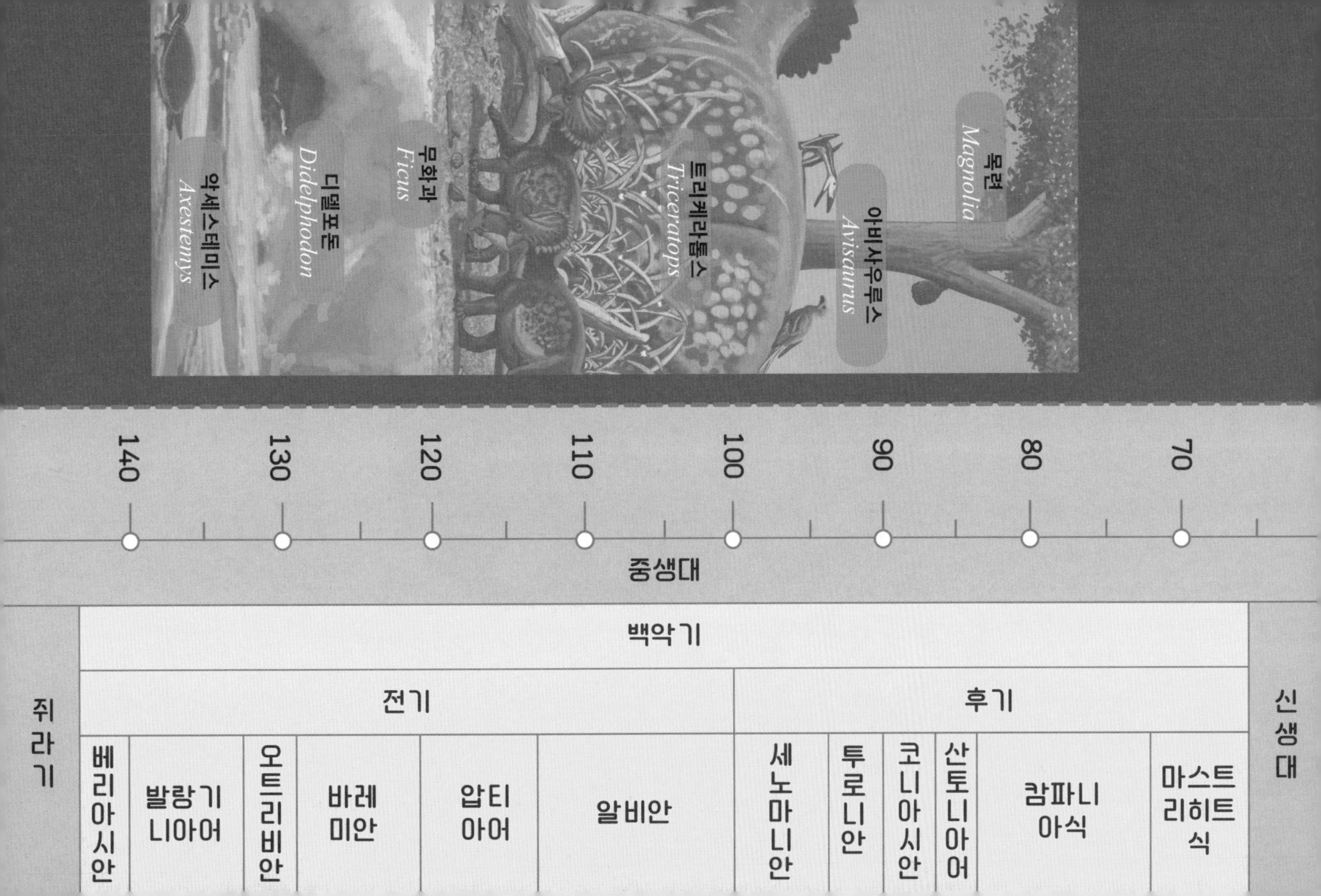

악세스테미스
Axestemys
디델포돈
Didelphodon
무화과
Ficus
트리케라톱스
Triceratops
아비사우루스
Avisaurus
목련
Magnolia
140
130
120
110
100
90
80
70
중생대
백악기
전기
후기
쥐라기
베리아시안
발랑기니아어
오트리비안
바레미안
압티아어
알비안
세노마니안
투로니안
코니아시안
산토니아어
캄파니아식
마스트리히트식
신생대

1장

지상 최대 변혁의 시대

1 꽃 피는 식물의 등장

식물은 생존을 위한 자신들만의 번식 방법을 터득한 다음부터 동물보다 훨씬 더 빨리 더 멀리 더 넓은 육지에서 번성했다. 식물 스스로 물을 통제하게 된 덕분이다. 조직적 차원에서 물을 이용할 수 있는 형태로 진화한 것이다.

처음 육지에 등장한 식물은 온몸으로 물을 흡수해야 하는 원시적 형태에서 점진적으로 기능에 따라 조직이 갈라졌다. 물만 이동시키는 물관부, 영양분만 이동시키는 체관부, 부피 생장을 위한 형성층, 길이 생장을 위한 생장점, 번식을 위한 꽃 등 복잡한 구조물을 갖춘, 움직임만 없는 거대한 생명체가 되었다.

겉씨식물의 번식 방법은 단순하다. 아주 작은 꽃가루가 바람을 타고 멀리 날아가 다른 나무의 암꽃을 찾아 내려앉으면 된다. 여기서 한 가지 알아야 할 사실이 있다. 꽃가루가 아무 계획 없이 날아가는 게 아니다. 식물은 자가수분을 막기 위해 한 나무의 암꽃과 수

꽃이 피는 시기를 다르게 하는 방식을 터득했다.

왜 식물은 처음 육지에 등장했을 때부터 꽃을 피우지 않았을까? 왜 식물은 꽃이라는 기관이 필요했을까? 꽃의 시작은 어땠을까? 중생대 쥐라기 후기 날씨 좋은 어느 날, 땅에서인지 물에서인지는 정확히 모르지만 한 돌연변이 식물이 스스로도 인지하지 못한 사이 색깔과 향기를 품은 꽃을 피우기 시작했을 것이다. 연구자들이 밝혀낸 내용에 따르면 최초의 꽃도 암꽃과 수꽃을 모두 갖춘 지금과 같은 형태였을 것이라고 한다. 하지만 정확한 답은 알 길이 없다. 지금까지 발견된 화석상 증거와 분류학적 증거를 통해서만 꽃을 피우기 시작한 시점을 어렴풋이 파악할 뿐이다.

화석으로 발견된 최초의 꽃 식물은 아케프룩투스*Archaefructus*이다. 약 1억 2,500만 년 전 화석으로, 중국 랴오닝성의 중생대 백악기 전기 지층 이시안층에서 발굴되었다. 이 지층을 조사했더니 꽃은 물에서 서식한 것으로 밝혀졌다. 아케프룩투스 화석은 꽃받침과 꽃잎이 없다. 화려한 꽃을 피우지는 않았지만 식물의 씨가 만들어지는 심피가 있다. 심피는 암술에 해당한다. 당시 이곳은 저지대 호수였을 가능성이 높아서 아케프룩투스는 호수 위로 꽃을 피우는 수생식물이라고 추측한다. 아케프룩투스는 속씨식물문의 시초라기보다 수련목 같은 백악기 전기의 진정쌍떡잎식물에 가깝다는 가설에 따른 것이다. 진정쌍떡잎식물은 씨앗의 배에서 처음 나오는 떡잎이 두 장인 식물이다.

식물이 꽃을 가지게 된 이유는 자신의 유전자를 더 많이 더 멀리 퍼트리기 위해서이다. 현생 식물의 90퍼센트가 속씨식물이다. 속씨식물은 다른 그 어떤 생물보다 진화 과정에서 성공을 거둔 셈이다. 이들은 지금까지 약 2억 년간 번성하고 있다. 이렇게 긴 기간 동안 속씨식물이 대폭발적으로 증가하는 시기가 두 번 있었는데, 쥐라기 후기인 1억 5,000만 년 전과 백악기 중기인 1억 년 전이다.

이 시기를 거친 속씨식물은 종이 다양해지면서 지배적인 생물군 중 하나로 자리 잡았다. 시간이 흘러 신생대 빙하기를 맞이한 생물은 수억 년 동안 한 번도 겪어보지 못한 추위를 겪는다. 이때 속씨식물도 다른 생물과 마찬가지로 번성과 다양성 측면에서 직격탄을 맞았다. 지구의 열대 지역이 줄어든 시기와도 맞물린다. 어떤 식물들 입장에선 위기가 곧 기회이다. 열대 지역은 줄어든 반면 온대 지역과 한대 지역이 늘었는데, 이런 곳에서도 꿋꿋한 생존력을 보여준 새로운 속씨식물이 등장해 번성하기 시작했다.

백악기 전기까지만 해도 속씨식물은 그렇게 다양하지도 많지도 않았다. 약 8,400만 년 전에 이르러 속씨식물은 새로운 환경으로 이동하고 적응방산하는 일련의 과정을 거치면서 폭발적으로 증가했다. 트라이아스기부터 쥐라기까지 하나로 연결되어 있던 대륙의 한가운데는 거대한 사막이었다. 이 사막의 환경을 이겨낼 식물은 극히 드물었다. 그러다가 초대륙이 갈라지면서 백악기 중기에 들어서면서부터 서서히 사막 지역이 줄어든다. 이때 다양한 식물이 나타나고 다른 곳으로도 활발히 퍼져나갔다. 백악기 후기에는 초대륙이 갈라져 수없이 많은 크고 작은 섬들이 생겼다. 이 섬들의 속씨식물은 섬이라는 협소한 생태적 환경 때문에 다른 지역보다 훨씬 쉽게 번식할 수 있었다. 나아가 수분을 도와주는 곤충의 증가, 식물의 생태학적 적응, 진화를 통해 생겨난 식물의 새로운 기능 등 여러 원인이 겹쳐 백악기 후기에는 속씨식물이 빠르게 번성해 갔다.

열대 지역은 사계절의 변화가 없기 때문에 식물은 그냥 있기만 해도 살아남을 수 있다. 그래서인지 열대식물은 매년 꽃을 피우지 않는 종이 많다. 몇 년에 한 번씩 꽃을 피워도 생존을 위협받지 않는다는 말이다. 그러나 온대 지역과 극한의 한대 지역에서 살아가는 속씨식물은 매년 꽃을 피워서 그들의 유전자를 널리 퍼트려야만 한다. 이런 환경에서는 속씨식물의 유전적 다양성이 높아져 새로운 돌연변이 종을 만들 수 있다.

2부 3장에서 설명한 e플라워 프로젝트 연구진은 63목, 372과, 792종의 1만 3,444여 개에 달하는 꽃의 특성을 모두 데이터화했다. 또한 136점의 화석과 꽃들의 유전자 정보를 통해 얻은 계통 발생학적 추정치, 기존의 형태학적 연구 모델 등도 분석했다. 더불어 지난 1억 4,000만 년에서부터 1억 만 년 전까지(꽃이 핀 시기부터 생각하면 짧은 시간) 꽃의 형태적 진화 과정을 다음 그림과 같이 도식화했다.

연구진은 백악기 전기의 꽃을 분석한 결과를 바탕으로 최초의

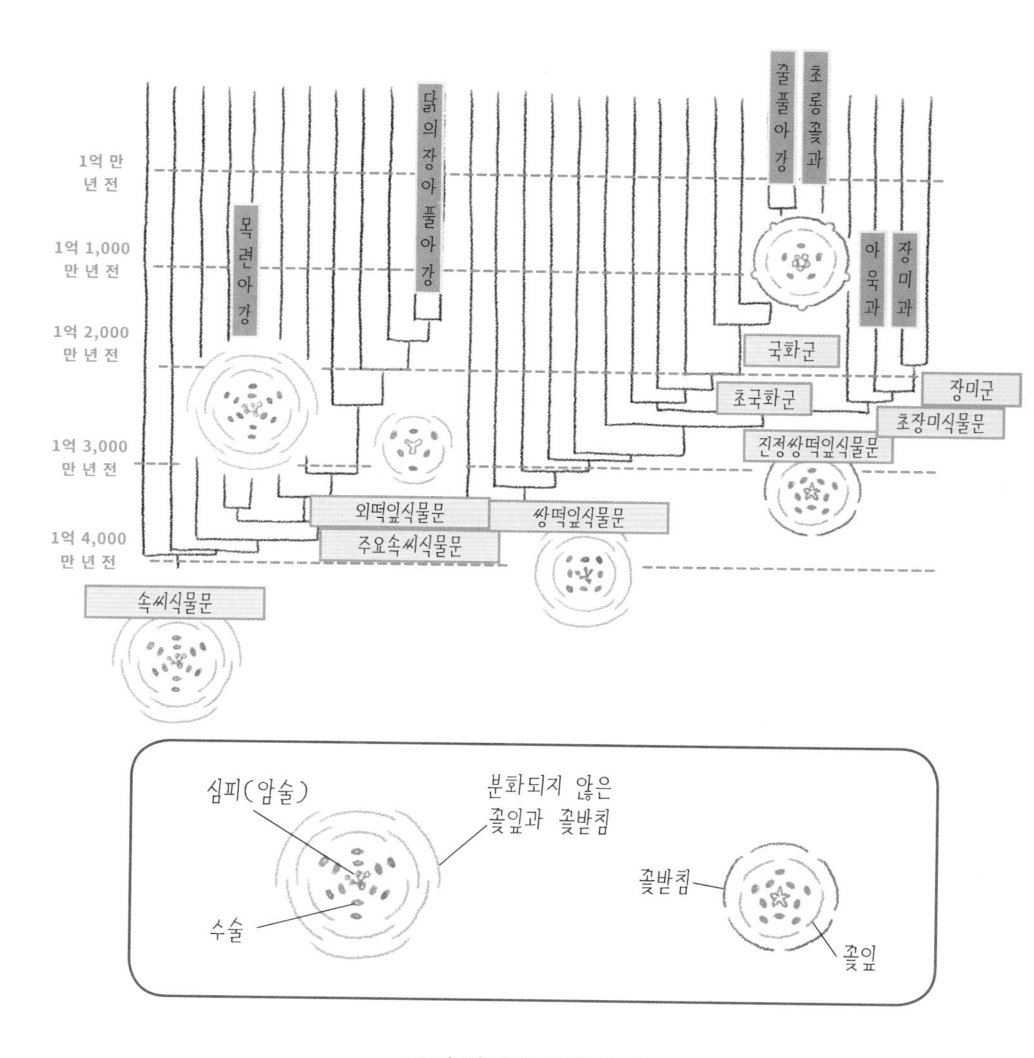
1억 만 년 전
1억 1,000 만 년 전
1억 2,000 만 년 전
1억 3,000 만 년 전
1억 4,000 만 년 전
목련아강
닭의장아풀아강
줄풀아강
초롱꽃과
아욱과
장미과
국화군
초국화군
장미군
초장미식물문
진정쌍떡잎식물문
외떡잎식물문
주요속씨식물문
쌍떡잎식물문
속씨식물문
심피(암술)
분화되지 않은 꽃잎과 꽃받침
수술
꽃받침
꽃잎

꽃의 형태적 진화 과정

꽃이 무엇이고, 지질학적 시간에 따라 꽃이 어떻게 변화했는지 진화적 가설을 제시했다. 먼저 한 꽃에 암술과 수술을 모두 가지고 있던 양성화에서 암술과 수술을 따로 갖는 단성화로 진화했다. 또 수술은 사방으로 퍼지는 방사형에서부터 진화가 시작되었으며, 시간이 지날수록 꽃의 여러 기관은 방사형 기관의 수가 점점 줄어드는 방향으로 진화했다. 마지막으로 속씨식물이 왜 이런 방향성을 가지고 진화했는지는 정확하게 밝혀지지 않았지만, 생물이 안정적인 방향으로 진화하는 과정에서 나타나는 현상이라고 추측했다.

이처럼 지구상에 존재하는 꽃의 진화에 대해서는 수많은 데이터를 정리, 분석하고 연구해야지만 약간의 그림을 그릴 수 있을 정도이다. 하물며 꽃이 피기 시작한 정확한 지질시대를 밝혀내는 일은 녹록지 않다. 확실한 사실은 지금 이 시기에 속씨식물이 겉씨식물보다 훨씬 다양한 종으로 번성하고 있으며, 우점종으로서 어디에서든 살아가고 있다는 것이다. 지금이야말로 속씨식물의 전성시대라고 할 수 있지만, 먼 미래에까지 속씨식물의 승리가 유지될 수 있을지는 의문이 든다. 지구는 변화무쌍하니 말이다.

꽃 피는 식물과 함께 등장한 곤충들

식물은 생존을 위해 주변의 여러 자연물과 생물을 활용한다. 자신들의 유전자를 옮겨줄 매개체에 대해서는 특별한 조건을 따지지 않는다. 꽃가루를 옮겨주는 매개체는 식물마다 다르다. 이 또한 생존을 위한 전략이다. 물을 이용하는 수매화, 곤충을 이용하는 충매화, 바람을 이용하는 풍매화, 새를 이용하는 조매화 등이 있다. 곤충을 꽃가루받이로 이용하는 식물이 전체 식물의 약 85퍼센트를 차지한다. 그만큼 곤충과 꽃은 상호의존 혹은 상호공존 관계에 있다. 곤충은 속씨식물의 등장과 함께 나타났을 것이다. 그런데 처음부터 꽃을 피운 식물은 왜 꽃가루받이에 활용할 동물로 곤충을 선택했을까? 지구상 모든 생물은 우연에서 시작되어 지금까지 온 것일지도 모른다.

어느 날, 배고픈 곤충이 꽃에서 뿜어내는 향기를 따라왔더니 생각지도 못한 맛있는 꿀과 꽃가루가 있었다. 곤충은 지속적으로 그 꽃을 찾게 되었고, 다양한 꽃이 나타나기 시작한 뒤부터는 특정 꽃에만 찾아가는 곤충까지 등장했다. 심지어 어떤 식물은 선호하는 곤충만 부르기 위해 그들이 좋아하는 모양의 꽃을 피우기도 한다. 정말 놀라운 일이다. 가만히 들여다보면 식물도 생각을 하는 게 아닐까 싶을 정도로 생존을 위해 온갖 수단과 방법을 동원한다.

겉씨식물인 소나무과 식물은 상처난 곳이 더 이상 외부에 의해 손상되지 않도록 송진을 분비한다. 송진이 딱딱하게 굳어서 된 광물이 호박이다. 요즘 발굴되는 호박 속 곤충은 우연히 식물 위에 앉았다가 송진에 갇힌 신세가 되었을 것이다. 입체감을 가진 3차원 형태를 그대로 볼 수 있는 곤충 화석은 매우 드물다. 아니 거의 찾아볼 수 없다. 그렇지만 호박 속에 갇힌 곤충이라면 말이 달라진다. 마치 타임 슬립처럼 그 곤충이 살았던 시기의 환경과 지질을 연구할 수 있어 아주 중요한 자료가 된다. 호박도 화석일까? 맞다! 호박도 화석으로 정의할 수 있다. 다만 퇴적층에서 발굴되는 화석처럼 호박도 1만 년 이상 되었다는 조건에 부합해야만 화석으로 인정한다.

2019년 미얀마의 호박 광산에서 백악기 중기인 약 9,900만 년 전 호박 화석이 발견되었다. 화석에서 네 종의 딱정벌레가 나왔다. 쥐라기 중기에 등장한 딱정벌레목 꽃벼룩과에 속하는 종으로 지금까지 살고 있다. 긴 시간 동안 약간의 유전적 변이는 있었을 것이다. 오늘날 이 꽃벼룩과 딱정벌레는 꽃가루를 먹고 살며, 뒷다리가 길어서 자극을 받으면 톡톡 튀는 특징 때문에 '벼룩'이라는 이름을 얻었다. 벼룩은 등과 다리에 털이 많고, 머리와 가슴을 꽃에 깊이 넣을 수 있는 구조 덕분에 마디로 된 꽃의 깊은 곳에 있는 꽃가루도 잘 찾아 먹을 수 있다. 몸길이는 약 3~5.5밀리미터이며 검은색을 띤다. 약 9,900만 년 전 꽃벼룩과도 현생종과 비슷한 모습을 하고 있었다.

연구진은 광학현미경, 공초점 레이저 스캐닝 현미경, X선 마이크로컴퓨터 단층촬영 등을 활용해 딱정벌레와 호박 속 꽃가루를 면밀히 관찰했다. 그리고 이 딱정벌레를 꽃벼룩과 안지모르델라 부르미티나*Angimordella burmitina*로 분류했다. 현생 꽃벼룩과보다 뒷다리가 더 발달되어 있으며, 가슴과 배 부분의 털은 약 30마이크로미터μm이다. 털 사이 간격은 같이 들어 있는 꽃가루의 지름 약 2마이크로미터와 일치했다. 참고로 사람 머리카락 두께는 80~120마이크로미터이다. 머리카락보다 훨씬 가는 털이 다리와 가슴, 배를 둘러싸고 있으니 안지모르델라는 털에 꽃가루를 잔뜩 묻힌 채 여기저기 다른 식물의 수술과 암술머리에 앉았을 것이다. 자연스럽게 수정이 되는 것이다. 안지모르델라의 입틀도 꽃가루를 모으고 운반하는 데 적당하다. 연구진은 입틀 주변에도 다리처럼 많은 털이 나 있는 것을 확인했다. 몸 전체에 꽃가루가 묻은 모습 그대로 화석이 된 것이다.

연구진은 공초점 레이저 스캐닝 현미경으로 안지모르델라

의 몸에 붙어 있는 꽃가루를 관찰했다. 확대해보니 꽃가루 발아구가 발견되었는데, 발아구는 꽃가루관이 발아하는 곳이다. 관찰 결과 꽃가루의 주인은 한 일(一)자 모양의 발아구 세 개가 나란히 배열되어 있는 삼구형의 진정쌍떡잎식물임을 확인했다. 우연히 발견된 호박 화석 하나로 약 9,900만 년 전에 어떤 속씨식물이 번성했는지, 꽃가루를 이동시켜주는 곤충이 누구인지를 명확히 밝힐 수 있었다. 이 화석은 일부 식물과 일부 곤충은 지구상에 함께 살며 진화한다는, 즉 공진화한다는 가설을 뒷받침해주는 확실한 증거가 되었다.

같은 지역에서 발견된 또 다른 호박 화석에서도 곤충이 발견되었다. 긴수염밑빠진벌레과 펠레테스 비비피쿠스*Pelretes vivificus*이다. 펠레테스는 약 9,820만 년 전 백악기 중기에 살았던 딱정벌레로, 안지모르델라와 거의 비슷한 시기에 살았다. 펠레테스의 몸에도 진정쌍떡잎식물의 꽃가루로 추정되는 가루가 묻어 있었다. 호박 속 펠레테스와 꽃가루가 특히 중요한 이유는 꽃가루가 섞인 배설물이 발견되었기 때문이다. 펠레테스의 주 먹이가 꽃가루라는 것을 보여주는 직접적 증거이다.

호박 화석만으로도 백악기 중기 무렵에 다양한 곤충이 꽃 피는 속씨식물과 함께 살았다는 사실이 자명해졌다. 같은 시기에 함께 살아간다는 것은 서로 종의 진화에 영향을 주며 살아간 관계라는 의미이다. 지금도 수많은 속씨식물이 곤충을 매개로 삶을 이어가고 있다. 곤충 역시 식물을 먹으며 살아간다. 백악기에 속씨식물이 빠르게 번성한 이유는 곤충이 꽃가루받이 역할을 하면서 식물과의 공생관계를 효과적으로 구축했기 때문이다. 이런 관계는 큰 문제가 없다면 오랫동안 함께 살아갈 수 있지만, 반대로 한쪽이 사라지면 남은 한쪽도 사라진다.

꽃가루가 암술머리 위에 앉는 순간 수정이 일어나고 씨앗이 만들어진다. 씨앗도 식물을 멀리 퍼트리기 위해 주변의 자연물과 동물을 활용한다. 움직일 수 없는 식물은 후대에 유전자를 물려주기 위해 수없이 많은 시행착오를 겪었을 것이다. 동물이 살아남기 위해 진화와 퇴화를 반복했듯이 말이다. 그리고 힘겹게 터득한 생존방법 중 최고의 방법을 사용한 식물종이 지금까지 살아남았다.

2장

지각 변동으로 인한 백악기 파충류의 변화

1 고향을 가지게 된 백악기 공룡

중생대는 약 1억 8,500만 년 동안 유지되었다. 중생대 지구는 하나의 거대한 대륙과 하나의 거대한 대양에서 시작되었다. 시간이 흐를수록 맨틀의 대류에 의해 조금씩 지각판이 움직이기 시작했고, 대륙 사이는 수천만 년의 시간만큼 서로 멀어져갔다. 대륙은 중생대 쥐라기 중기에서부터 본격적으로 갈라지기 시작했다. 먼저 북아메리카가 유라시아와 곤드와나 초대륙에서 분리되기 시작했고, 쥐라기 후기에는 아프리카가 남아메리카에서 분리되기 시작했다. 이어서 오스트레일리아와 남극 대륙이 인도 대륙에서 분리되었다. 백악기 후기에 들어 아프리카에서 마다가스카르가 분리되고, 남아메리카가 북서쪽으로 천천히 움직이기 시작했다. 이와 함께 해수면이 상승하면서 태평양과 대서양이 생겼다. 백악기 후기에는 완전히 분리된 다섯 개의 대륙과 여섯 개의 대양이 형성되었다. 화산 폭발과 지진이 숱하게 일어났으며, 기후가 상승해 지금의 지구보다 기온이 높았다.

중생대 백악기 땅은 인류라는 종만 없을 뿐 현재 지구와 거의 같았다. 기후는 점차 계절성을 띠기 시작했고, 열대 지역과 온대 지역의 기후가 구분되기 시작했다. 식물은 전 대륙으로 퍼져나갔으며, 침엽수와 활엽수의 번성으로 식물 사이에 보이지 않는 치열한 경쟁이 시작됐다. 더불어 형형색색 만발한 꽃에는 여러 곤충이 앉아 정신없이 꽃가루를 먹어대고, 여기저기에서 새 소리와 사냥하는 육식공룡의 포효가 끊임없이 들려왔다. 밤은 포유류를 포함한 야행성 동물의 세상이었다.

중생대 백악기에 지구의 땅을 지배하고 있던 공룡은 자기도 모르는 사이 거대한 바다에 가로막혀 더 이상 다른 땅을 밟을 수 없게 되었다. 자연스럽게 그들이 살아야 하는 땅이 달라지며 영역이 정해졌다. 현재 북아메리카 대륙에서만 발견되는 육식공룡계의 대부 격인 티라노사우루스는 백악기 후기인 약 7,270만 년에서부터 6,600만 년 전까지 살았던 공룡이다. 아마 중생대 백악기 후기의 최후를 직접 목격한 공룡 중 하나일 것이다. 티라노사우루스 화석을 보려면 북아메리카 대륙으로 가야만 한다.

티라노사우루스 렉스*Tyrannosaurus rex*는 1905년 미국자연사박물관 관장 헨리 페어필드 오스본이 붙인 이름이다. 1900년대 미국 와이오밍주 동부의 사막 지역에서 발굴된 두개골 화석 중 두 번째 두개골을 조사하다가 이름 붙였다. 티라노사우루스의 티라노스

Tyrannos는 폭군, 사우루스saurus는 도마뱀, 렉스rex는 왕을 뜻한다. 우리말로 하면 폭군 도마뱀 제왕이다.

지금까지 발굴된 티라노사우루스의 골격 화석은 100점 미만이며 대부분 조각 난 상태다. 미국 시카고의 필드자연사박물관에 전시되어 있는 수Sue는 전체 골격의 80퍼센트가 발굴된 공룡이다. 그나마 지금까지 발굴된 화석 중 가장 완전한 모습을 갖추고 있다. 몸길이는 약 12.3~12.4미터, 몸무게는 약 9.3톤으로 추정한다. 티라노사우루스는 어마무시한 공룡이다. 그런데 앞다리는 길이가 약 1미터로 성인의 팔길이 정도밖에 되지 않는다.

날카로운 이빨로 가득한 거대한 두개골과 뒷다리에 비해 터무니없이 짧은 앞다리는 과연 어떤 역할을 했을까? 연구자 사이에서 의견이 분분하지만, 이 짧은 앞다리는 사냥감을 잡는 데만 사용했다고 추측한다. 티라노사우루스의 앞다리에는 두 개의 날카로운 발톱이 달린 앞발가락이 있긴 하지만 앞다리로는 사냥한 먹이를 입으로 가져갈 수도 없을 만큼 짧아서 활용도가 거의 없었을 것이다. 앞다리의 근육량을 계산해보니 사람의 팔 힘보다 약 3.5배 더 강하며, 약 199킬로그램까지 들어올릴 수 있는 힘을 가지고 있었다. 꽤 높은 근육량에 비해 앞다리가 벌어지는 각도는 40~45도밖에 되지 않아 앞다리가 움직이는 모습을 상상하면 웃음이 나온다.

몽골 고비사막에서 발굴되는 공룡 화석 타르보사우루스 바타아르*Tarbosaurus bataar*는 티라노사우루스와 비슷한 시기인 약

7,000만 년 전 아시아에서 살았던 티라노사우루스과 공룡이다. 이곳은 지금처럼 아주 건조한 사막은 아니었다. 건조한 동시에 습한 기후, 즉 우기와 건기가 번갈아가며 나타난 것으로 보인다. 칼리체Caliche 퇴적층이 형성되어 있기 때문이다. 칼리체 퇴적암은 탄산칼슘이 다량 함유된 천연 시멘트로, 밝은 흰색과 회색을 띤다. 이런 곳에 어떤 불순물이 들어가면 불순물 성분에 따라 붉은색, 분홍색 등 다양한 색깔을 띤 암석이 된다. 고비사막에서 발굴되는 화석 대부분은 푸른빛이 도는 회색에 가까운 퇴적암에 둘러싸여 있다.

칼리체 퇴적암은 주로 연강수량이 65센티미터 미만이고, 연평균 기온이 섭씨 5도 이상 되는 건조한 지역에서 만들어진다. 따라서 당시에는 이 지역에 주기적인 가뭄이 있었다는 것을 알 수 있다. 그러나 거대한 강이나 호수도 있었기 때문에 수많은 초식공룡과 육식공룡도 살 수 있는 환경이었다. 고비사막에서 연체동물, 물고기, 거북 같은 다양한 수생 파충류 화석뿐만 아니라 타르키아*Tarchia*, 테리지노사우루스*Therizinosaurus*, 사이카니아*Saichania*, 알리오라무스*Alioramus*, 프로토케라톱스*Protoceratops* 등 다양한 공룡 화석이 함께 발굴되는 것만 보아도 이곳이 고생태학적으로 생물 다양성이 매우 높은 곳이었음을 알 수 있다.

1946년 몽골과 소련은 공동으로 고비사막의 네메그트층에서 커다란 육식공룡의 두개골을 발굴했다. 이를 1955년 소련 고생물학자 예브게니 말레예프가 새로운 종인 모식표본으로 확정했다. 모식표본이란 생물의 분류학상 명칭을 정하거나 분류할 때, 학계에 이미 보고된 종의 생물학적 특성을 추가해 보충 설명한 생물 표본을 말한다. 당시 학명이 티라노사우루스 바타아르*Tyrannosaurus bataar*였다. 그만큼 티라노사우루스와 유사하다. 이후 속명과 종명에 관한 여러 논쟁을 거쳐 타르보사우루스 바타아르로 통합되었다. 타르보Tarbo는 놀라운, 바타아르bataar는 영웅이라는 뜻이다. 우리말로 하면 놀라운 도마뱀 영웅이다.

학명에서 알 수 있듯 두 공룡의 골격은 아주 비슷하다. 분류학적으로 볼 때 티라노사우루스와 타르보사우루스는 둘 다 티라노사우루스과에 해당한다. 생물 분류에서 과는 생김새가 비슷한 동물군을 모아놓은 단위이다. 최초로 발굴된 타르보사우루스 두개골의 크기는 약 1.35미터(티라노사우루스보다 살짝 작은 편)이다. 지금까지 몽골과 중국에서 발굴된 30여 점의 표본을 연구한 결과, 몸길이는 약 10~12미터, 몸무게는 약 4~5톤으로 아시아를 주름잡았던 지상 최대의 육식공룡이다.

어떤 고생물학자들은 아시아에 살았던 육식공룡의 조상이 북아메리카로 이주하여 티라노사우루스 같은 육식공룡으로 진화했을 가능성도 있다고 말한다. 그러나 정확한 화석상 증거나 과학적 증거가 나오기 전까지는 어디까지나 가설에 불과하다.

백악기 후기에 빼놓을 수 없는 또 하나의 육식공룡이 있다. 공룡에 관심이 있는 사람이라면 한 번쯤은 이 공룡과 티라노사우루스의 결투 장면을 상상해보았을 것이다. 스피노사우루스*Spinosaurus*이다. 두 공룡의 복원도를 보면 육식공룡 중에서도 무시무시한 외형을 가지고 있다. 중생대 백악기 후기에 둘은 정말 영역 다툼을 했을까? 다행스럽게도 두 공룡은 살았던 장소가 달라서 절대 만날 수 없었다.

스피노사우루스는 백악기 후기 공룡이지만, 약 1억 년에서 9,400만 년 전까지 북아프리카에서 살았던 공룡이다. 그래서 이곳에서만 스피노사우루스 화석이 발굴되고 있다. 스피노사우루스는 최근 들어 복원한 모습이 가장 크게 달라진 공룡이다. 척추고생물학자들은 발굴된 화석을 중심으로 스피노사우루스의 모습을 재현했는데, 지금까지 재현했던 모습과 전혀 다르다. 하지만 이에 동의하지 않는 연구자들도 있다. 너무 오래전에 살았고 멸종한 동물이기에 이들의 실제 모습을 정확히 파악하는 것은 사실상 불가능하다. 공룡이 살아 있을 때처럼 온전한 상태의 화석으로 발견된다면 실제 모습에 가깝게 재현할 수 있겠지만, 그렇지 않은 경우가 대부분이다.

스피노사우루스 화석은 1912년 오스트리아 화석 수집가 리처드 마크그라프가 이집트에서 발견한 표본에, 1915년 독일 고생물학자 에른스트 스트로머가 스피노사우루스 아이깁티아쿠스*Spinosaurus aegyptiacus*라는 학명을 붙여 모식표본이 되었다. 스피노사우루스의 가장 특이한 점은 척추 위에 기다란 돌기들이 솟아 있다는 것이다.

시카고 필드자연사박물관에 전시된 스피노사우루스 골격

스피노spino는 가시 혹은 돛이라는 뜻인데, 등 위에 난 16개의 큰 신경가시가 배의 돛처럼 솟아 있다. 이를 신경배 돌기라고 한다.

2018년에 모로코에서 꼬리뼈 36개를 포함한 131개의 뼛조각이 추가로 발견되면서 스피노사우루스의 꼬리 모양이 완전히 바뀌었다. 기존의 꼬리보다 더 길고 단단하며, 물속에서 악어의 꼬리처럼 강력한 추진력을 발휘할 수 있는 형태로 복원되었다. 이런 꼬리는 다른 육식공룡의 꼬리보다 최대 여덟 배나 추진력이 높아서 물의 흐름을 거슬러 헤엄칠 수도 있고, 물고기를 잡아먹기 위해 가속도 할 수 있다.

백악기 후기 북아프리카에는 강과 호수가 많았다. 여기에 적응한 공룡 중 하나가 스피노사우루스이다. 스피노사우루스의 이빨 구조와 두개골의 형태도 물속 사냥에 적합하다. 악어의 주둥이처럼 생긴 긴 주둥이 앞쪽 끝에는 유속의 흐름을 알아차릴 수 있는 작은 구멍들이 분포되어 있으며, 원뿔형의 세로줄이 있는 이빨 역시 물고기를 잡아먹기에 적당하다. 화석상 증거로 보아 스피노사우루스는 숲이 우거진 육지보다 물속 생활에 더 적합한 외형을 가졌다고 추측한다. 스피노사우루스의 정확한 모습은 아직도 잘 모른다. 많은 고생물학자가 여러 측면을 고려해 복원한다고 해도 화석상 증거만 가지고 원래 모습 그대로 재현하는 데는 한계가 있다.

이들의 조상은 지구가 하나의 대륙이었을 때 함께 살았던 파충류였고, 서서히 땅이 갈라지는 지구 환경에 적응하며 살아남은 아주 강한 공룡이다. 중생대 백악기 후기, 다양한 모습을 한 공룡이 서로의 존재조차 모른 채 여섯 개의 대륙에 널리 퍼져 살아가고 있었다.

극지방에서도 발굴되는 백악기 공룡 화석

백악기 후기 들어 기온이 오르내리기를 반복하다가 점차 내려가기 시작한다. 약 7,000만 년 전 백악기 후기 극지방의 기온은 따뜻한 여름에는 섭씨 약 10~12도로 생존하기에 적당했으나, 겨울에는 영하 2도에서 영상 3.9도로 추운 날이 여러 달 지속되었다. 하지만 빙하기가 나타날 정도로 춥지는 않았다.

체코 지질학자 앤 클레어 샤부레우아의 연구에 따르면 전체적으로 백악기 후기에는 사막이 거의 없었다. 위도 90~60도 사이의 극지방은 기온이 높은 짧은 여름과 추위가 심한 긴 겨울이 나타나는 아한대성 기후였다. 위도 60~40도 사이는 주로 나무가 잘 성장할 수 있는 곳이고, 위도 40~30도 사이는 약간의 사막과 초원 지대가 잘 형성된 온대성 기후 지역이었다. 위도 20~0도 사이 지역에는 열대성 기후에 맞는 교목(줄기가 굵고 높은 나무)이 자라고 초원이 만

들어졌다.

북극 지방에서 발굴되는 공룡 화석은 공룡에 대한 여러 가설을 입증하는 중요한 자료이다. 첫째 공룡은 파충류로 분류하는데, 파충류는 변온동물이다. 즉 자체적으로 체온을 올리거나 유지할 수 없다. 파충류는 체온을 올리기 위해 일광욕을 한다. 반면 항온동물은 항상 체온을 일정하게 유지하기 때문에 일광욕을 할 필요가 없다. 그렇다면 백악기 후기에 연평균 기온이 섭씨 6도밖에 되지 않는 북극에 살았던 공룡은 체온이 일정했다는 가설을 세울 수밖에 없다. 만약 공룡이 변온동물이라면 아한대성 기후를 보이는 극지방까지 올라갈 엄두조차 내지 못했을 것이다. 특히 북극에서 공룡과 조류, 포유류의 화석은 발굴되었지만, 변온동물인 양서류, 도마뱀, 악어 같은 파충류 화석은 발굴된 적이 없다.

둘째 10여 년 동안 북극에서 공룡의 알, 알에서 방금 부화한 수백 개의 새끼 공룡 화석 조각 그리고 최소 7종의 공룡 화석이 발굴되었다. 하드로사우루스과Hadrosauridae, 케라톱스과Ceratopsians, 테스켈로사우루스과Thescelosauridae, 티라노사우루스과, 트로오돈과Troodontidae, 드로마에오사우루스과Dromaeosauridae 등 크고 작은 육식공룡과 함께 초식공룡이 발굴되었다. 공룡 화석은 공룡이 북극에서 서식했다는 사실을 입증한다. 이들이 북극까지 올라오게 된 이유는 정확히 밝혀지지 않았다. 그러나 북극에 둥지를 틀고 생활했다는 사실만으로도 이곳에 다양한 동식물이 살아갈 수 있는 생태적 환경이 조성되었다는 것을 직접적으로 보여준다.

당시 식생으로 보자면 활엽수와 침엽수가 서로 경쟁하듯 땅을 뒤덮고 있던 때이며, 초식공룡의 종과 개체 수가 늘자 치열한 먹이 경쟁이 일어났다. 어떤 공룡은 그들이 선호하는 식물을 찾아 계속 이동했다. 하드로사우루스과 중 에드몬토사우루스는 대형 초식공룡에 해당한다. 북아메리카에 살았던 이 공룡은 먹이식물을 따라 북쪽을 향해 이동하다 보니 극지방까지 도달하게 되었다.

초식공룡을 따라 올라온 육식공룡도 있었다. 현재 북극에서만 발굴되는 티라노사우루스의 사촌 나누크사우루스*Nanuqsaurus*이다. 미국 알래스카주의 프린스크릭층에서 발굴되었다. 북극곰 도마뱀이라는 뜻의 나누크사우루스는 7,000만 년에서 6,800만 년 전에 살았던 육식공룡이다. 같은 지층에서 발견되는 다양한 종의 화석이 말해주듯 이들은 추운 북극에서 각자 적응하며 살아갔다. 극지방의 겨울을 공룡들이 어떻게 견디며 살아남았는지는 의문이다. 연구자들은 공룡이 추위를 견디고, 식물이나 동물 등의 먹잇감을 구할 수 있는 나름의 생존 전략을 가지고 있었다고 본다.

같은 시기 남극은 어땠을까? 독일의 알프레트베게너 연구소 지질학자들은 서남극해에서 27~30미터 깊이의 지층을 시추해 퇴적층을 발견했다. 숲의 토양이 이암(진흙이 쌓여 딱딱하게 굳은 암석)이 된, 중생대 백악기 후기인 약 9,300만 년에서 8,300만 년까지의 지층이다. 이곳에서 수많은 꽃가루와 식물 뿌리, 포자 등이 발견되었으며, 북극보다 많진 않지만 하드로사우루스과 공룡 화석이 발굴되었다. 당시 서남극 해안은 온대우림이 울창한 늪지대였다. 시추된 퇴적물을 컴퓨터 단층촬영해보니 키 큰 나한송과 남양삼나무 등 침엽수와 나무고사리가 가득했고, 바닥에는 주로 남반구에만 서식하는 프로테아과Proteaceae 꽃을 피우는 상록활엽수가 자라고 있었다. 남위 82도에서도 연평균 기온이 섭씨 12도였고, 1년 중 4분의 1이 밤이었으나 기온이 높아서 숲이 형성될 수 있었다.

퇴적층을 연구해 또 다른 사실도 알아냈다. 이산화탄소 농도이다. 백악기 전반적으로 대기 중 이산화탄소 농도는 약 1,000피피엠ppm으로, 지금의 이산화탄소 농도보다 3~4배는 더 높았다. 남극이 당시 기온을 유지하려면 이산화탄소 농도가 1,120~1,680피피엠으로 훨씬 높았을 것이다.

백악기 후기에는 전 지구적으로 생물 다양성이 풍부하고, 빙하기가 없었던 시기이므로 모든 대륙에서 공룡과 함께 수많은 종의 동물이 살았다. 꽃 피는 속씨식물의 적응방산 또한 우리 생각보다 훨씬 더 넓게 퍼져나갔다.

수많은 동물 가운데 새로운 서식지를 찾아 떠나는 에드몬토사우루스 무리의 이동을 따라가 보자.

대장을 필두로 에드몬트사우루스 무리가 산기슭에서 자라는 나뭇잎을 천천히 뜯어 먹으며 북쪽을 향해 걸어가고 있다. 이들 무리는 언제나 그랬듯 먹이를 찾아 떠나는 길이다. 어디로든 펼쳐져 있는 땅엔 이미 다른 초식공룡이 왕성하게 번식하면서 치열한 먹이경쟁이 벌어졌다. 그래서 늘 먹이경쟁이 덜한 곳으로 떠나야 했다. 윗대의 선조들이 그러했던 것처럼.

무리의 이동은 쉽지 않다. 새끼들과 함께 이동하려면 어쩔 수 없이 느려질 수밖에 없다. 무슨 일인지 대장 에드몬토사우루스가 잠시 멈칫한다. 빼곡히 늘어선 침엽수와 은행나무가 우거진 숲을 통과하는 중이라 같은 무리가 아닌 다른 공룡을 알아채기란 좀처럼 쉽지 않다. 갑자기 여러 마리의 새가 일제히 날개를 펼치며 푸드득 푸드득 날아오른다. 이상한 낌새를 챈 대장 에드몬토사우루스는 조금 더 높은 언덕을 올라가 뒷다리로 서서 주위를 살펴본다. 그사이 무리는 호숫가에서 물을 먹고 있다. 자그마한 새끼들 역시 어른들 사이에 끼어 조심스럽게 물을 먹고 있는 모습이 물속에서 갑자기 튀어나올 악어 떼를 대비하는 것처럼 보인다.

한참이 지난 후 대장은 어떤 낌새를 챘는지 무리에게 소리 내어 신호를 보낸다. 소리를 들은 무리는 물을 마시다 말고 갑자기 달리기 시작한다. 드디어 무리를 쫓아오는 육식공룡이 모습을 드러냈다. 트루오돈이다. 작지만 두뇌 회전이 빠르며, 시각과 후각이 정말 좋고 민첩하기로 유명한 녀석들이 에드몬토사우루스 무리의 뒤를 밟고 있었다.

언제부터일까? 누구를 노리고 따라온 것일까? 대장의 머릿속은 복잡하다. 이 녀석들이 숲속에 숨어서 계속 지켜보고 있었던 것이다. 본능적으로 몸이 움직인다. 도망쳐라! 절대로 후퇴할 놈들이 아니라는 걸 알기에 최대한 빨리 그리고 멀리 도망가는 수밖에.

숲을 빠져나오니 넓디 넓은 초원이 펼쳐져 있다. 뒤처지는 몇몇 녀석이 보이기 시작한다. 대장은 연신 소리를 낸다. 겁을 줄 요량으로, 무리를 독려할 요량으로. 하지만 끈질긴 트루오돈을 따돌리는 것 자체가 무리임을 대장은 알고 있다. 그 순간 초원의 어느 한곳이 푹 꺼진다. 아마도 가장 느린 새끼 에드몬토사우루스일 것이다. 한참을 정신없이 달리던 어미 에드몬토사우루스가 서늘함을 느끼며 뒤를 돌아본다. 그리곤 새끼가 있는 곳으로 달려간다.

날쌘 트로오돈 무리는 단번에 새끼의 등에 올라타 생명에 치명적인 목덜미를 물고 늘어진다. 살결이 약한 새끼의 목덜미에선 피가 흘러내린다. 피 냄새를 맡은 트로오돈의 사냥은 더욱 격렬해져간다. 아무리 몸부림쳐도 갈고리 발톱으로 여기저기를 할퀴고 있는 트로오돈은 이 가여운 새끼를 놓아줄 생각이 전혀 없다. 새끼 에드몬토사우루스는 오리 부리 같은 주둥이를 쩍쩍 벌리며 위협을 가해본다. 두 뒷다리로 몸을 일으켜도 보지만 트로오돈의 무시무시한 사냥 본능은 사그라들지 않는다. 너무나 많은 피를 흘려서 지친 새끼는 더 이상 버티기 어려워 보인다. 그때 어미가 등장하자 트루오돈이 멈칫한다. 어미가 새끼 곁으로 다가가자 녀석들은 한 발 뒤로 물러서서 어미의 행동을 커다란 두 눈으로 주시하며 주위를 맴돈다. 어미는 넓적한 주둥이로 새끼를 일으켜보려 하지만 미동도 하지 않는다. 어미의 울부짖는 소리가 들린다. 어쩔 수 없이 몸을 돌려서 왔던 길로 털썩털썩 걸어간다. 어미가 사라진 그 자리에 다시 트루오돈이 모여든다.

대장은 푹 꺼진 초원의 한곳을 무심히 바라보다 다시 북쪽을 향해 걷기 시작한다. 점점 추워지는 것을 느끼며…….

3 깃털을 가진 공룡이 나타나다

비조류 공룡이라는 용어는 공룡이 새의 조상이라는 개념을 정설로 받아들이면서부터 나왔다. 현재 새를 뺀 나머지는 모두 비조류 공룡으로 알려져 있다. 공룡은 중생대 육지에 살았던 파충류이며, 골반의 형태에 따라 용반목과 조반목으로 분류한다. 용반목은 다시 용각아목과 수각아목으로 나눈다. 수각아목 일부에서 깃털을 가진 공룡이 등장한다.

최초의 비조류 공룡이 가진 깃털은 날기 위한 것이 아니었다. 체온을 유지하거나 짝짓기를 할 때 상대방에게 잘 보이기 위해서 등의 이유로 생겨나기 시작했을 것이다. 처음에는 사소한 이유 때문에 깃털을 가지게 되었지만, 지금은 이 기관이 발달한 덕분에 멸종하지 않고 날아다니는 공룡을 볼 수 있게 됐다.

1996년 중국 북동부 지역에서 시노사우롭테릭스*Sinosauropteryx*를 시작으로 깃털을 가진 비조류 공룡 화석이 한꺼번에 발굴되기 시작했다. 화석들을 조사해 조반목 공룡 중에서도 특히 머리에 뿔이 달린 케라톱시아Ceratopsia(각룡류)에 해당하는 프시타코사우루스*Psittacosaurus* 화석에 털이 있는 것을 발견했다. 골반 부근 비늘처럼 생긴 피부에 머리카락 같은 한 가닥 필라멘트 형태의 털이 나 있었다.

프시타코사우루스는 백악기 전기 아시아에서 서식했던 공룡이다. 중국, 몽골, 러시아, 태국 등에서 발굴되는 최대 12종의 원시 각룡류에 해당한다. 또한 용반목 중 수각아목의 티란노랍토라Tyrannoraptora 계통 중 티라노사우루스과인 딜롱 파라독수스*Dilong paradoxus* 화석에서도 조반목에서 보이는 털보다 조금 더 복잡한 털을 꼬리와 아래턱 근처에서 발견했다.

딜롱은 중국 랴오닝성에서 발견된 백악기 전기의 수각아목 공룡이다. 티란노랍토라보다 하위 계통인 마니랍토리포르메스Maniraptoriformes에 속하는 데이노니쿠스*Deinonychus*와 테리지노사우루스과Therizinosauridae의 일부 공룡에서도 깃털을 발견했다. 이보다 훨씬 더 하위 개념인 파라베스Paraves 계통에서 날지는 못하지만 새의 깃털과 유사하게 생긴 진정한 깃털을 가진 화석을 다수 발굴했다.

다음 그림은 깃털의 기원을 정리한 분지도이다. 1997년 시카고대학교 고생물학 교수 폴 칼리스투스 세리노가 쥐라기 중기부터 현재까지 살고 있는 조류를 포함한 분류군을 정리했다. 분지도란

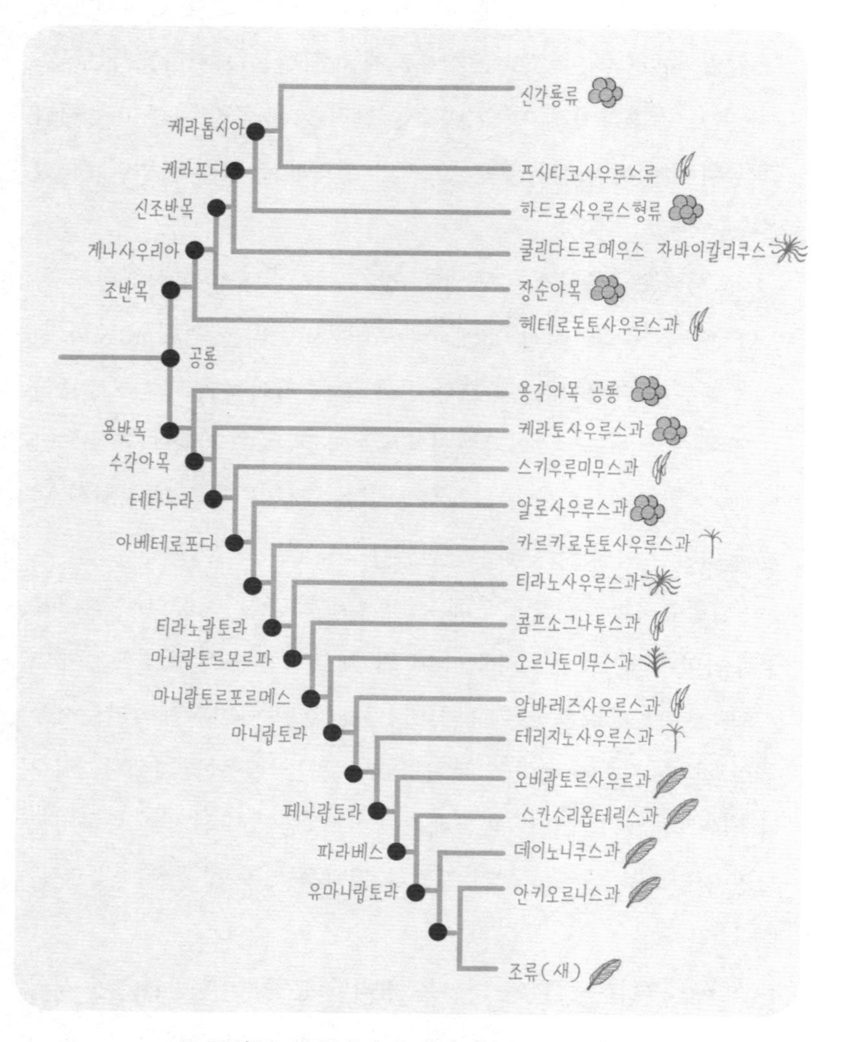

공룡 화석에서 발견한 깃털의 발생과 분지도

생물 그룹을 어떤 기준에 따라 분류해 도표로 작성한 것을 말한다. 이 분지도를 보면 깃털이 어떤 식으로 변화해왔는지 알 수 있다.

다음 그림은 털의 진화 과정을 정리한 모식도이다. 비조류 공룡의 털이 어떤 과정을 거처 새가 가진 깃털로 진화했는지 보여준다. 처음에는 속이 빈 튜브 모양의 한 가닥 필라멘트에서부터 점진

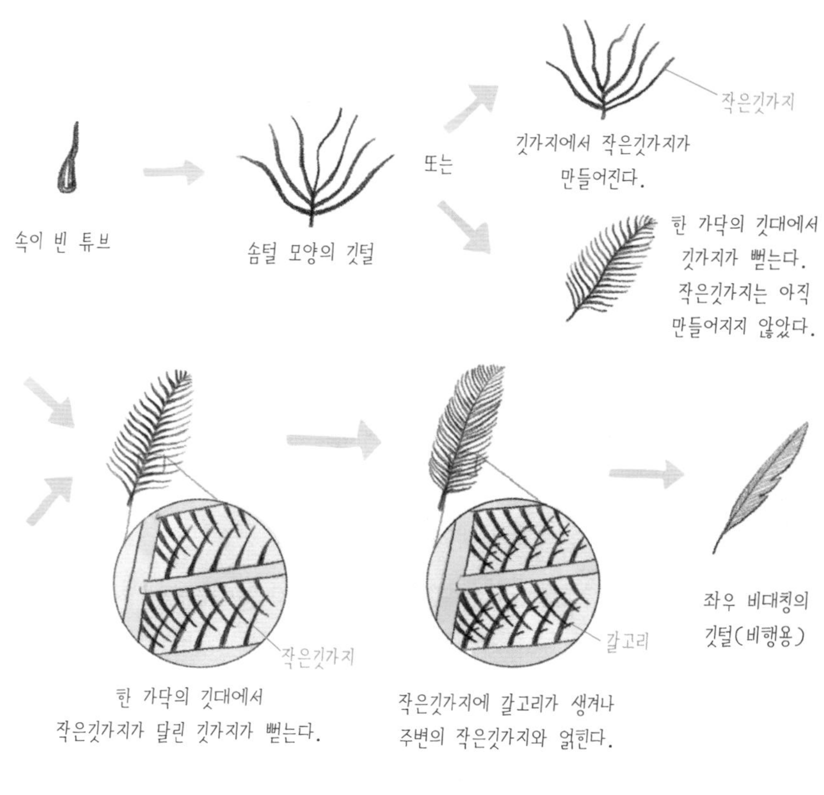

깃털의 진화 과정

적으로 분화해 깃털로 진화했다. 그럼에도 비조류 공룡은 비대칭 구조의 깃털을 가지고 있었다는 점에서 여전히 깃털의 발생 시기와 깃털의 형성 과정, 조류의 조상이 누구인지에 대해서는 확실하게 단정 짓기가 어렵다.

파라베스 계통은 드로마에오사우루스과, 트루오돈과, 아르케옵테릭스, 현생 조류 등을 포함하고 있다. 파라베스에서 파르Par는 옆, 근처라는 뜻이고, 아베스aves는 새의 복수형이다. 이 계통에 속하는 비조류 공룡은 앞다리에 긴 깃털이 달린 날개가 있다는 공통점이 있으며, 뒷다리에도 비슷한 날개가 달린 종도 속해 있다. 파라베스 계통에 속하는 비조류 공룡 중 초기에는 앞다리에 기다란 발가락이 세 개였다가 이 발가락이 점점 합쳐져 발가락 하나만 가지게 된 공룡 화석도 발굴되었다. 다시 말해 파라베스 계통에 속하는 공룡 중 어떤 공룡은 그 몸체를 점점 줄이는 방향으로 그리고 신체의 일부를 퇴화시키는 방향으로 나아갔다.

파라베스 계통보다 상위 계통은 마니랍토르Maniraptor 계통이다. 이 계통에 속하는 알바레즈사우루스과Alvarezsauridae의 모노니쿠스 올레크라누스*Mononykus olecranus*는 앞다리가 짧게 퇴화했으며, 앞발가락과 발톱이 하나밖에 없다. 몸길이는 약 1~1.2미터, 몸무게는 약 3.5킬로그램의 매우 작은 수각아목 공룡이다. 7,000만 년 전 아시아에서 서식했던 공룡들로, 주로 몽골 고비사막의 네메그트층에서 발굴되고 있다.

이처럼 비조류 공룡은 언제부터인가 새로 변화할 준비를 하고 있었다. 이러한 변화를 확실하게 진화라고 표현할 수 있을지는 모르지만, 공룡 중 일부에서는 이미 육지에서 살기 위해 몸의 변화가 시작되고 있었다.

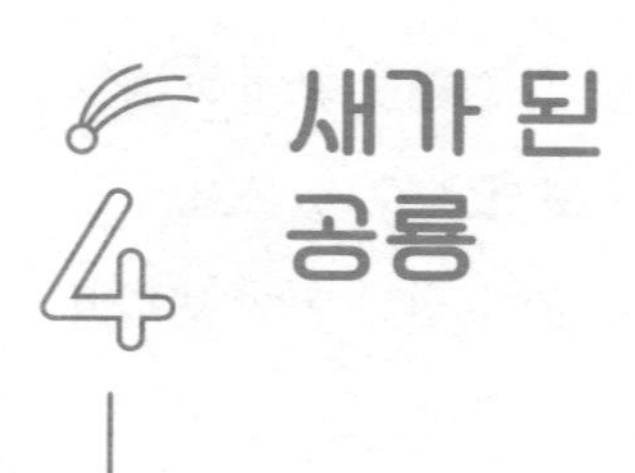

새가 된 공룡

파라베스 계통에 속하는 오비랍토르*Oviraptor*는 깃털의 구조, 알 둥지를 품고 있는 모습, 골격 형태 등에서 새와 아주 유사하다. 1923년 오비랍토르가 15개의 알 위에 앉아 있는 화석이 발굴되면서 유명해졌다. 화석을 발굴한 연구자들은 오비랍토르가 함께 살았던 초식공룡 프로토케라톱스 둥지의 알을 훔쳐 먹기 위해 왔다가 죽어서 화석이 되었다고 생각했다. 그래서 알도둑이라는 뜻의 이름을 얻게 되었다.

오비랍토르는 백악기 후기 7,500만 년에서부터 7,100만 년 전에 살았으며, 몽골 고비사막의 도크타층에서 발굴된다. 몸길이 약 1.6~2미터, 몸무게 약 33~40킬로그램으로 다소 작은, 깃털 달린 공룡이다. 이마에는 현생 닭에서 볼 수 있는 볏 구조가 있으며, 다른 공룡과 다르게 주둥이에 이빨이 없고 꼬리도 그리 길지 않다.

1994년 이 화석을 면밀하게 조사해보니 뒷다리는 대칭적으로 앉아 있는 모습이고, 앞다리는 둥지 둘레를 덮고 있는 모습이었다. 현생 조류가 그들의 알 둥지를 감싼 채 앉았을 때 모습과 아주 닮았다. 연구자들은 사막의 모래 폭풍, 강한 햇빛, 세찬 비 등으로부터 알을 보호하기 위해 깃털이 달린 앞다리를 접을 수 있게 되었다고 추측한다. 또한 꼬리의 풍성한 깃털은 알 둥지를 감싸서 보호하는 데 중요한 역할을 했다고 본다.

이처럼 백악기 후기의 파라베스 계통에 속하는 공룡은 자신이 처한 환경에 최대한 적응하며 살아가다가 깨닫지 못한 사이에 필요에 의해 깃털을 가지게 되었다. 또 필요해서 앞발가락의 수를 줄이게 되었고, 몸무게를 줄이기 위한 방안으로 이빨을 퇴화시켰다.

파라베스 계통에 속한 공룡들은 차츰 새처럼 날기 위한 골격 구조를 갖추게 된다. 앞발가락의 수가 점점 줄어들면서 두 번째 앞발가락만 길어진다. 꼬리뼈는 퇴화하고, 앞발목뼈는 반달형의 뼈로 변한다. 이와 함께 어깨 관절이 옆으로 향하게 되었으며, 앞가슴의 근육을 잡아주는 오훼골 등으로 날갯짓을 할 수 있게 되었다. 비행 깃털을 가진 공룡은 쥐라기에 등장했다. 하지만 이 비행 깃털의 면적이 전체 몸의 면적에 비해 작았기 때문에 날지 못했다.

새로 진화하기 위해 가장 중요한 요건 중 하나가 하늘을 나는 데 필요한 호흡 기관이다. 트라이아스기의 육지는 지금보다 대기 중 산소 농도가 낮았다. 이 시기 비조류 공룡은 효율적으로 산소를 받아들이기 위해 뼛속에 기공을 발달시켰다. 기공이 새로 진화하는 데 중요한 요인이었을 것이다. 기공은 이후 몸속의 기낭으로 변했고, 이를 통해 낮은 산소 농도에서도 원활히 호흡할 수 있게 되었다.

몸집의 크기도 새로 진화하는 데 중요한 요소이다. 영국 브리스톨대학교의 고생물학자 마이클 벤턴은 공룡의 소형화 과정이 과학자들이 생각했던 것보다 일찍 시작되었다고 추정한다. 새의 조상이 깃털을 가지고 날개를 키워서 활공을 시작할 때부터 몸집이 빠르게 줄어들기 시작했다. 벤턴은 파라베스 계통의 공룡이 다른 계통의 공룡보다 160배 빠르게 줄어들고 있었다는 것을 알아냈다.

공룡이 소형화된 원인은 서식지의 변화, 새로운 삶의 방식, 성장의 변화 등이다. 예를 들어 앞다리와 뒷다리에 깃털이 달린 미크로랍토르*Microraptor*의 몸길이는 약 77센티미터이고 앞다리까지 펼친 길이는 약 88~94센티미터이며, 몸무게가 0.5~1.4킬로그램밖에 되지 않는 아주 작은 비조류 공룡이다. 이들은 나무가 우거진 숲속에서 나무와 나무 사이를 오가며 그 속에 살고 있는 동물을 사냥했을 것이다. 즉 미크로랍토르는 나무와 나무 사이를 쉽게 오가거나 나무를 잘 타기 위해 앞뒤 다리의 깃털을 더욱 풍성하게 발달시키는 한편, 더 날렵해지기 위해 몸의 크기를 줄여나갔을 것이다.

비조류 공룡이 생존하기 위해 삶의 방식을 바꾼 것이 조류로 진화하게 된 결정적 계기일지도 모르겠다.이들은 이러한 진화의 과정을 수천만 년 동안 거듭하면서 현생 조류의 모습을 갖추었다.

5 앉은 키가 기린과 맞먹었던 익룡

익룡은 중생대 트라이아스기 후기에 등장해 약 1억 6,000만 년 동안 하늘의 주인공으로 살면서 다양한 모습으로 진화를 거듭했다. 중생대 쥐라기에 람포링코이드Rhamphorhynchioid가 주를 이루었다면, 백악기에는 프테로닥틸로이드Pterodactyloid가 주인공이었다.

두 익룡의 가장 큰 차이점은 크기이다. 람포링코이드의 대표 익룡은 람포링쿠스로, 날개를 편 길이가 약 2미터이다. 프테로닥틸로이드의 대표 익룡은 아즈다르코과 케찰코아틀루스*Quetzalcoatlus*로, 날개를 편 길이는 무려 12미터에 땅 위에 앉은 키는 약 3미터로 현생 기린의 키와 맞먹는다.

람포링코이드는 꼬리 끝에 다이아몬드 혹은 타원형의 긴 꼬리를 가지고 있었던 반면 케찰코아틀루스의 꼬리는 매우 짧다. 이빨 있는 부리를 가진 쥐라기 익룡과는 다르게 백악기 익룡은 이빨이 없는 부리를 가진 형태로 변화했다.

백악기 후기에 살았던 거대한 익룡 케찰코아틀루스는 아즈텍 신화에 나오는, 뱀의 형상을 한 풍요와 평화의 신 케찰코아틀에서 따온 학명이다. 우리말로 하면 날개를 가진 큰 뱀이라는 뜻이다. 북아메리카에서 번성한 이 익룡은 하체곱테릭스*Hatzegopteryx*가 발굴되기 전까지 가장 큰 익룡으로 알려져 있었다.

케찰코아틀루스는 1971년 워싱턴대학교 잭슨 스쿨의 지질학과 대학원생이었던 더글라스 로슨이 처음 발굴했다. 미국 텍사스 빅밴드국립공원의 마스트리히트 자벨리나층에서 날개를 이루는 상완골과 기다란 네 번째 앞발가락뼈로 보이는 부분 골격 세 개가 발굴되었다. 이후 같은 지층에서 케찰코아틀루스와 연관된 화석이 다수 발굴됨으로써 이 익룡에 대한 수수께끼가 차츰 풀리게 되었다.

케찰코아틀루스 화석이 발굴된 곳은 백악기 후기에는 반건조한 내륙의 평야였다. 그런데 정말 이런 환경이었다면 익룡이 주로 바닷가나 호숫가 근처에 살며 물고기를 잡아먹었다는 주장과 어긋난다. 케찰코아틀루스는 현생 황새처럼 육지에 사는 동물을 먹잇감으로 삼았을 가능성이 높다. 그래서 이들은 하천에서 공룡을 포함한 작은 척추동물을 사냥했다고 보고 있다.

케찰코아틀루스보다 훨씬 작은 약 5.5미터의 날개 길이를 가진 익룡도 발굴되었다. 최초로 발굴된 케찰코아틀루스보다 완벽한 골격을 가진 익룡으로 확인되어 케찰코아틀루스 로소니*Quetzalcoatlus lawsoni*라는 학명이 붙었다. 로소니의 두개골을 조사해 케찰코아틀루스는 이빨이 없고, 매우 날카롭고 뾰족한 부리를 가지고 있었다는 사실을 알아냈다. 로소니 화석으로 알아낸 또 다른 중요한 사실이 있다. 거대한 익룡은 강한 다리 힘을 이용해 지상에서 뛰다가 하늘로 날아올랐다는 것이다. 오래전 연구들은 익룡이 하늘을 높은 곳에서 뛰어내리면서 활강을 하는 방법으로 비행을 했을 것이라고 추측하기도 했다. 현생 조류는 날갯짓을 하는 동시에 튼튼한 뒷다리로 땅을 박차면서 날아오른다. 방법은 조금 다르지만, 익룡도 강한 앞다리와 뒷다리를 이용해 땅 위에서 몸을 띄우는 방법으로 날아올랐다는 사실을 알게 되었다.

많은 연구자가 익룡의 비행을 연구하고 있다. 이에 따라 익룡이 어떻게 하늘을 날 수 있었는지에 대한 다양한 가설이 나오고 있다. 가장 유력한 가설은 2021년 미국 캘리포니아대학교 고생물학 박물관 큐레이터이자 고생물학자 캐빈 파디안 연구진의 가설이다. 연구진은 케찰코아틀루스가 아주 강력한 비행 능력을 가진 익룡이라고 결론 지었다. 이들은 단단하고 큰 가슴뼈를 가지고 있었으며, 강력한 뒷다리는 땅을 박차고 오를 때 2.4미터까지 뛰어오를 수 있는 추진력을 가지고 있었다. 이를 뒷받침해줄 근거가 세계 최초로 우리나라에서 발견된, 익룡이 걸었던 발자국의 흔적화석인 보행렬이다. 보행렬을 통해 케찰코아틀루스는 이족보행이 아니라 사족보행을 했음이 밝혀졌다. 전라남도 해남군 우항리에 있는 익룡 발자국 화석은 세계에서 가장 많은 443개로 보행렬이 7.3미터에 달한다. 네 발로 걸어다녔다는 증거는 익룡이 땅을 박차면서 날아올랐다는 가설에 더욱 힘을 실어주고 있다.

공룡을 잡아먹은 백악기 육식성 포유류

중생대는 파충류의 시대라고 불릴 만큼 파충류의 활동이 초절정에 달했던 시기이다. 포유류는 공룡의 그늘에 가려진 채 아주 작은 야행성 동물로 살아갔다. 백악기 후기로 들어오면서부터 포유류는 몸집을 키우고 과감한 먹이 활동을 하며 활동 영역을 확대해갔다. 그럼에도 땅의 지배자인 공룡 때문에 포유류는 여전히 땅 위를 마음껏 달리지 못했다. 이때까지만 해도 땅속이나 나무 위가 포유류의 주 활동 무대였다.

백악기 후기는 수많은 곤충이 등장하고, 꽃 피는 식물이 지구 전체를 덮었을 만큼 식물이 고도 성장했던 시기이다. 이에 따라 식물을 먹는 초식성 동물도 점점 분화되고, 육식성 동물도 다양해져갔다. 공룡뿐만 아니라 포유류의 다양성도 왕성하게 높아졌다. 포유류는 갑자기 등장한 동물이 아니다. 고생대의 단궁류에서부터 시작되었으며, 이들이 오랜 시간에 걸쳐 분화했다. 포유류의 정확한 분류 체계는 척삭동물문–척추동물아문–포유강이며, 포유강은 다시 두 개의 하강인 유대하강(유대류)과 태반하강(유태반류)으로 나뉘진다. 유대하강은 암컷의 몸에 두 개의 자궁과 아기주머니를 가진 동물로, 대표적으로 캥거루가 있다. 태반하강은 자궁 안에서 태반을 통해 영양분을 받아 자라는 동물이다. 모든 종의 포유류가 백악기 후기에 등장해 진화해갔다.

오스트레일리아에만 서식하는 바늘두더지와 오리너구리의 조상이자 단궁류인 스테로포돈*Steropodon*은 백악기 전기에 등장한 동물이다. 최초 화석도 오스트레일리아에서 발굴되었다. 스테로포돈은 몸길이가 40~50센티미터로 대형 포유류에 속하며, 아래쪽 어금니의 길이가 5~7밀리미터로 일반적인 중생대 포유류보다 큰 편이다.

1939년 처음 발굴된 백악기 후기의 유대류에 속하는 알파돈*Alphadon*은 작고 원시적인 포유류이며, 이빨, 아래턱, 두개골 조각만 발굴되었다. 이를 바탕으로 원래 모습을 재현해보았더니 몸길이는 약 30센티미터이며, 현생 주머니쥐와 비슷하다. 이빨 형태로 보아 과일, 곤충 같은 무척추동물, 작은 척추동물 등을 먹는 잡식성 동물로 추정된다. 또한 두개골 분석 결과 매우 뛰어난 후각과 시력, 그리고 수염을 가진 것으로 나왔다.

유카아테리움*Ukhaatherium*은 최초의 유태반류이다. 이 화석은 몽골의 오하 털거트에서 발굴되었고, 성체의 몸무게는 약 32그램이다. 유카아테리움은 거의 완전한 화석이 여러 개 발굴되어 신체적 특징을 파악하기 쉬웠다. 가장 큰 특징은 골반대에 치골뼈가 있다는 것이다. 치골뼈는 공룡, 악어 같은 파충류에게 길게 발달되어 있는 골반대의 한 뼈이며, 현생 유태반류 포유류에서는 거의 볼 수 없다. 골반에서 앞으로 뻗어나온 치골뼈가 없어진 이유는 장기 임신과 관련 있다. 유카아테리움은 치골뼈를 가지고 있었던 것으로 보아 배 속에서 새끼를 키울 수 있는 기간이 짧아서 미성숙한 새끼를 낳거나 알을 낳았다는 것을 알 수 있다. 이는 유카아테리움이 원시 포유류 상태였다는 것을 보여주는 좋은 표본이다.

잘람달레스테스*Zalambdalestes* 역시 몽골의 고비사막에서 발굴된 화석이다. 백악기 후기에 살았던 원시 유태반류 포유류이다. 잘람달레스테스는 긴 주둥이, 긴 이빨, 작은 뇌, 큰 눈을 가졌다. 유카아테리움처럼 치골뼈도 있다. 몸길이는 약 20센티미터, 두개골의 길이는 약 5센티미터로 다른 원시 포유류에 비해 큰 편이다. 강한 앞발과 뒷발로 현생 토끼처럼 멀리 뛸 수 있는 능력을 가졌다.

이처럼 백악기 후기부터 현생 포유류의 조상이 모두 등장하기 시작했다. 엄청난 속도로 번성하던 포유류는 그들의 영역을 점점 확장해나가기 시작했다. 작고 힘없이 숨어서 지낼 것만 같던 원시 포유류에 결코 약한 존재만 있었던 건 아니다. 2005년에 놀라운 화석 하나가 발굴되었다. 당시 중국 랴오닝성에서 미국과 중국의 연구팀이 공동 조사를 하고 있었다. 연구팀은 1억 2,500만 년에서 1억

2,320만 년 전인 백악기 전기의 원시 포유류 레페노마무스 로부스투스*Repenomamus robustus*의 위 속에서 새끼 프시타코사우루스 화석을 발굴했다. 이 화석으로 인해 원시 포유류는 공룡을 사냥하지 않았을 거라는 통념이 깨져버렸다. 하지만 화석 하나만 가지고 포유류가 공룡을 사냥했다고 확신할 수는 없었다. 그런데 2012년 같은 장소에서 또다시 프시타코사우루스 화석이 나왔다.

1억 2,600만 년에서 1억 100만 년 전 백악기 전기 아시아에 살았던 대표적인 초식공룡이 프시타코사우루스이다. 요즘으로 치면 돼지처럼 번식력이 아주 좋은, 그 당시 아주 흔한 초식공룡이었다. 이 중 프시타코사우루스 루지아투넨시스*Psittacosaurus lujiatunensis*는 골반에 머리카락처럼 생긴 털이 나 있는 공룡으로도 유명하다. 캐나다와 중국의 연구팀도 레페노마무스가 프시타코사우루스를 공격하는 모습의 화석을 발굴했다. 레페노마무스가 프시타코사우루스의 왼쪽 배 위에 올라탄 상태에서 왼쪽 발로 공룡의 아래턱을 잡은 모습인데, 레페노마무스의 이빨이 공룡의 갈비뼈에 박힌 상태로 화석이 된 것이다. 레페노마무스는 두개골의 길이만 약 11.2센티미터, 꼬리가 없는 화석의 몸길이는 약 41.2센티미터, 몸무게는 약 4~6킬로그램으로 그리 크지 않다.

레페노마무스처럼 원시 포유류 중에 실제로 초식공룡을 사냥하며 살았던 동물이 있었던 것이다. 이런 사냥이 일상적으로 벌어졌는지는 추가 화석이 발굴되어야 설명할 수 있다. 원시 포유류의 배 속에서 발견된 새끼 프시타코사우루스와 사냥당한 성체 프시타코사우루스 화석을 보면 힘없는 초식공룡은 육식공룡뿐만 아니라 원시 포유류의 사냥 대상이 되었다는 점만은 확실하다. 이 화석처럼 레페노마무스가 자신의 덩치보다 두 배나 큰 녀석을 상대로 단독 사냥을 했다면, 프시타코사우루스의 성격은 아주 온순했을 것이라는 점도 유추해볼 수 있다.

무시무시한 육식공룡과 덩치 큰 초식공룡 사이에 숨어서 조용히 살았을 것 같던 백악기의 원시 포유류는 생각보다 더 대범하게 사냥하며 살았으며, 행동 반경도 한정되어 있지 않았을 가능성이 높다.

3장

바다를 점령한 해양 파충류

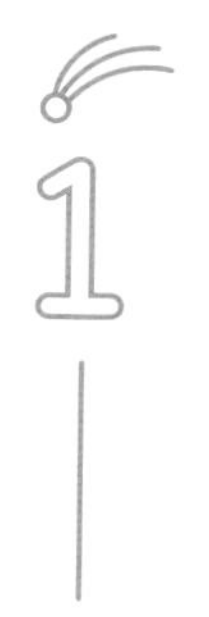

가장 긴 해양 파충류, 엘라스모사우루스

해양 파충류는 바다에서 사는 파충류이다. 2001년 화석상 기록을 보았을 때 약 50과, 225속, 400종 이상 분류되어 있다. 화석이 발굴되는 한 수치는 계속 수정될 것이다. 고생물학자들이 추측컨대 해양 파충류는 육지에 살던 파충류가 서식지를 바다로 바꾼 생물이다. 오랜 시간 동안 일부 파충류가 새로운 영역을 확보하기 위해 떠돌아다니다가 육지에서의 생활을 접고 정착한 곳이 바다였다. 바다 생물로 돌아간 최초의 파충류는 메소사우루스과Mesosauridae이다. 고생대 페름기 전기에 살았던 파충류로 육지와 바다를 오가며 생활했다. 먹이 사냥은 바다에서 하고, 육지로 올라와서 햇빛을 쬐며 체온을 조절했다.

모든 생물은 녹록지 않은 생활 환경이 지속된다면 결국 멸종하리라는 것을 직감한다. 파충류에게는 선택의 여지가 없었다. 바다로 들어간 선택은 잠시나마 성공적이었다. 중생대 바다의 수온은 따뜻했다. 각양각색의 산호초와 바다나리 등이 사는 바닷속은 그 어느 때보다 화려했다. 다양한 형태를 가진 무척추동물이 번성했고, 현생에서도 볼 수 있는 경골어류 대부분이 등장해 적응하고 있었다. 대멸종 이후 텅 비어 있던 해양 생태계가 서서히 되살아나기 시작한 것이다.

그런데 해양 생물이 매우 다양해지다 보니 어느 순간부터 해양 생태계는 걷잡을 수 없을 만큼 치열해졌다. 개체 수가 증가한 최상위 포식자는 더 많은 먹이를 사냥하기 위해 해양 생물을 닥치는 대로 잡아먹었다. 해양 생태계 먹이사슬의 최하위에 있는 생물은 더욱 강하고 단단한 패각으로 온몸을 감싸거나, 독을 가지고 있는 촉수를 만들어내는 등 방어기작을 갖춘 다음 포식자를 피해 더 깊은 바닷속으로 서식지를 옮겼다. 최상위 포식자도 가만히 있지는 않았다. 이들 역시 최대의 능력을 발휘해 입 안 가득 날카로운 이빨과 바닷속에서 최대 속도로 유영할 수 있는 유선형의 몸을 갖추기 시작했다. 자신만의 최고 무기를 발전시켜 먹이를 찾아 나선 것이다. 그럴수록 먹이경쟁에서 우선순위를 차지하기 위한 경쟁이 상당히 치열해졌다.

1868년 미국 캔자스주 육군 소속 외과의사 헌트 터너와 정찰병 윌리엄 콤스톡은 철도 건설을 위해 주변의 암석을 탐사하다가 대형 파충류 화석을 발견했다. 이 뼈 중 일부를 고생물학자 에드워드 코프가 전달받아 조사했더니 그때까지 알려진 수장룡 중 가장 큰 것으로 밝혀졌다. 코프는 이 화석에 엘라스모사우루스 플라티우루스*Elasmosaurus platyurus*라는 학명을 붙였다. 속명은 얇은 판 파충류라는 뜻이고, 종명은 평평한 꼬리라는 뜻이다.

그는 이 화석을 바탕으로 최초의 엘라스모사우루스 골격도를 그렸다. 첫 복원도는 엘라모사우루스가 짧은 목과 긴 꼬리를 가진 모습으로 묘사되었다. 동시대 고생물학자 조셉 레이디는 이 복원도가 잘못되었다고 지적했다. 두개골이 꼬리의 끝부분에 달려 있던 것이다. 코프는 처음에는 자신의 실수를 쉽게 받아들이지 못했지만, 다음 해인 1870년에 수정했다. 그러나 엘라스모사우루스 두개골 위치를 수정하는 과정에서 자신의 실수를 제대로 인정하지 않았다. 동시대 라이벌 격인 예일대학교 고생물학 교수이자 국립과학원 회장이었던 오스니엘 찰스 마시가 코프의 수정 과정과 태도를 지적하면서부터 두 사람 사이에 수십 년간 논쟁이 이어졌다. 두 저명한 고생물학자 사이의 논쟁은 '뼈의 전쟁Bone Wars'이라 불리며 지금까지도 언급되고 있다.

엘라스모사우루스는 목길이만 약 7.1미터이고 전체 몸길이는 약 10.3미터로, 가장 긴 해양 파충류이다. 목뼈는 72개로 다른 해양 파충류 알베르토넥테스*Alberotonectes*보다 네 개가 적지만, 두 번째로 긴 목을 가진 해양 파충류로 유명하다. 그런데 이토록 긴 목을 가진 엘라스모사우루스가 자유롭게 목을 움직일 수 있었을까? 지금까지 연구에 따르면 엘라스모사우루스는 경추 사이에 있는 연골 조직의

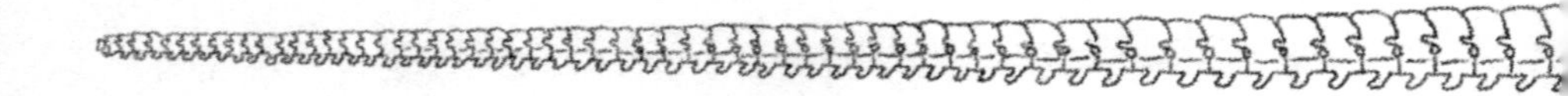

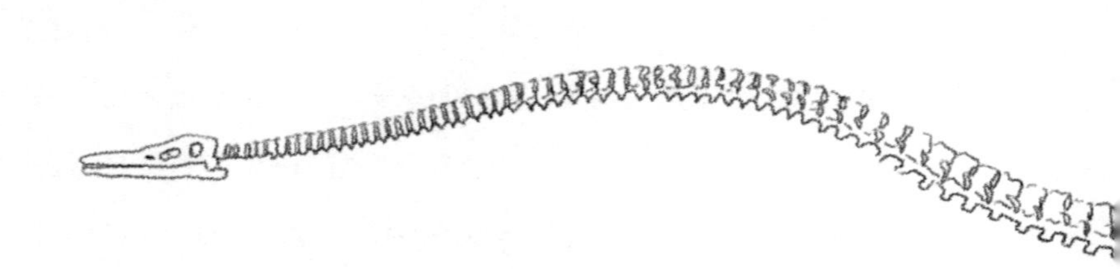

양에 따라 목이 움직이는 각도가 달랐다고 한다. 백조처럼 목을 우아하게 움직이거나 S자로 구부리기는 힘들었다. 목을 움직일 수 있는 각도는 약 75~176도 사이라고 추정한다.

바다에서 유영하는 데 특화된 엘라스모사우루스의 골격 구조로는 현생 바다거북처럼 알을 낳기 위해 육지로 올라오진 못했다고 본다. 실제로 수장룡인 폴리코틸루스*Polycotylus*가 새끼를 품고 있는 화석이 발견됨으로써 고생물학자들은 수장룡이 육지로 올라와 알을 낳았을 가능성보다 이크티오사우루스처럼 바닷속에서 새끼를 낳았을 가능성에 더 무게를 싣고 있다.

엘라스모사우루스의 주요 먹이는 작은 경골어류나 암모나이

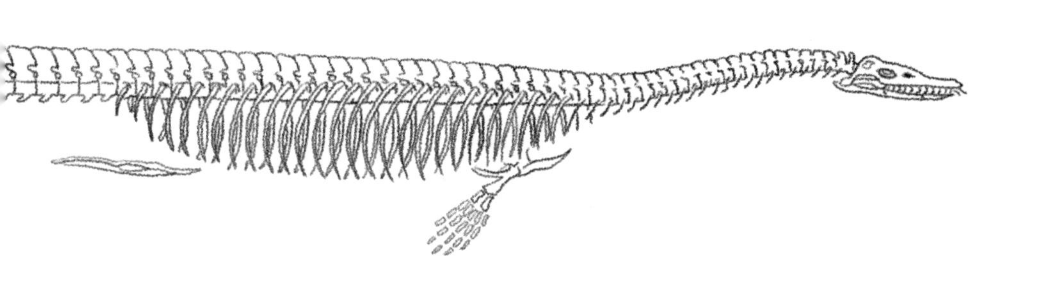

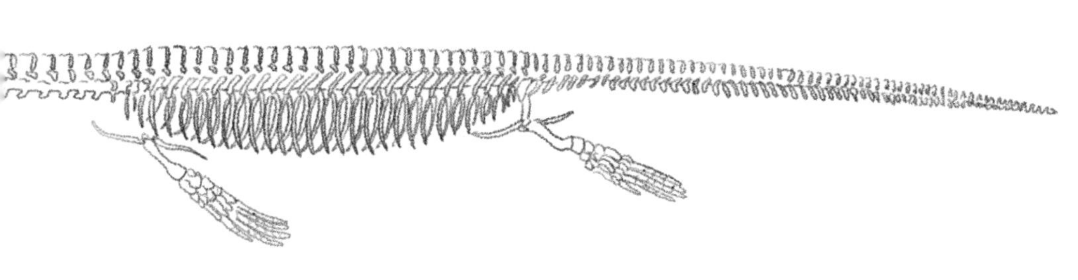

위는 1869년 코프가 구성한 엘라스모사우루스의 처음 모습으로 두개골이 꼬리 끝에 달려 있다. 아래는 1870년 코프가 재수정한 엘라스모사우루스의 모습이다.

트 같은 무척추동물이다. 두개골이 몸집에 비해 아주 작은 데다 주둥이에는 40개 정도의 작은 원뿔형 이빨이 가득했기 때문이다. 작은 이빨로 큰 동물의 몸통을 찢는 것보다 한입 크기의 작은 동물을 사냥해서 바로 삼키는 게 더 쉬웠을 것이다. 사냥을 할 때는 강력한 네 개의 지느러미발을 이용해 빠른 속도로 먹이를 향해 돌진했다.

덩치가 컸지만 엘라스모사우루스가 바닷속 무법자는 아니었다. 역으로 이렇게 큰 덩치를 가진 종을 사냥하려는 해양 파충류도 있었으니 악상어목인 크레톡시리나*Cretoxyrhina*이다. 이빨은 약 2.1~3.5센티미터의 삼각형이며, 양 가장자리는 톱날 같은 구조로 되어 있다. 크레톡시리나의 이빨과 일치하는 자국이 엘라스모사우루스의 어깨뼈에서 발견되었다. 엘라스모사우루스과에 해당하는 다른 종의 두개골에서는 크로노사우루스*Kronosaurus*라는 수장룡의 이빨과 일치하는 자국이 남은 화석이 나왔다. 이러한 화석 자국에서 바닷속 생활이 마냥 유유자적하지만은 않았다는 것을 알 수 있다. 덩치가 크면 숨을 곳이 마땅찮은 바닷속에서 다른 해양 파충류에게 쉽게 노출되므로 오히려 사냥 대상이 될 수도 있다.

엘라스모사우루스는 바다거북처럼 수면 위로 올라와 호흡해야 했다. 그 증거가 엘라스모사우루스 화석의 위 부분에서 나온 작은 위석이다. 타르보사우루스 같은 육식공룡과 하드로사우루스, 트리케라톱스, 프시타코사우루스 등의 초식공룡 화석에서도 위석이 발견되었다. 엘라스모사우루스도 먹이를 먹을 때 돌을 함께 섭취했다. 위석은 다양한 역할을 한다. 먹잇감을 갈아 부수는 맷돌 역할을 하기도 하고, 부력을 조절해 수면 위로 떠올라 호흡하는 데 도움을 주거나 반대로 깊은 바닷속으로 다이빙하는 데도 중요한 역할을 한다.

동족도 먹어 치운 무시무시한 파충류, 모사사우루스

모사사우루스는 백악기 후기인 8,270만 년에서 6,600만 년 전에 바닷속을 누비고 다녔던 최상위 포식자이다. '뫼즈강의 도마뱀'이라는 별명으로도 유명하다. 바다의 무법자로 통하는 모사사우루스는 그 누구도 쉽게 범접할 수 없는 모습을 하고 있다. 1764년경 네덜란드의 뫼즈강이 흐르는 마스트리흐트 근처 광산에서 첫 번째 두개골이 발굴되었다. 당시는 두개골을 고래의 두개골로 잘못 알았다. 두 번째 두개골은 1780년 외과의사 요한 레오나드 호프만 박사가 발굴했는데, 이때는 악어의 두개골로 착각했다.

그 후 1808년 프랑스 박물학자 조르주 퀴비에가 도마뱀의 두개골과 유사하다고 생각해 해양 도마뱀에 속하는 동물의 두개골 화석이라고 결론 내렸다. 1822년 영국의 지질학자이자 고생물학자 윌리엄 다니엘 코니베어가 모사사우루스라는 속명을 붙였다. 그리고

1829년 영국 지질학자이자 고생물학자 기디언 A. 맨텔이 호프만 박사를 기리기 위해 호프만니*Hoffmanni*라는 종명을 붙인다.

퀴비에는 추후 모사사우루스 호프만니를 모사사우루스와 비슷한 화석을 분류하기 위한 지표 역할을 하는 기준표본으로 지정했다. 1790년 이후 모사사우루스로 분류되는 화석은 50점이 넘는다. 하지만 이 화석들이 확실히 모사사우루스종에 해당하는지는 의문이다. 일례로 1889년 벨기에 고생물학자 루이 A. 돌로는 거의 완벽한 골격을 가진 모사사우루스 레몬니에리*Mosasaurus Lemonnieri*를 발굴했다. 몸길이는 약 7~10미터, 몸무게는 약 6~7톤, 두개골의 길이는 종마다 차이가 있지만 약 1미터 이내라고 추정했다. 모사사우루스의 또 다른 종으로 분류했으나 200여 년이 지난 오늘날까지도 모사사우루스 레몬니에리를 모사사우루스로 분류하는 게 맞는지를 두고 논쟁을 벌이고 있다.

2004년 고생물학자 에릭 멀더, 더크 코넬리센, 루이스 베르딩가가 레몬니에리는 호프만니의 아성체(어린 개체와 성체의 중간)일 가능성이 있다고 주장했다. 그런데 2019년 고생물학자 다니엘 마지아가 레몬니에리의 이빨 화석에서 톱날 구조는 아니면서 이빨에 홈이 나 있는 특이한 구조를 발견한다. 호프만니의 경우 이빨에 미세한 톱날 구조가 있다. 이로써 둘은 서로 다른 종일 가능성이 높아졌다.

발굴된 당시 모사사우루스를 묘사한 그림도 흥미롭다. 이때는

모사사우루스 레몬니에리 골격

물갈퀴가 있는 뒷발과 걸어 다닐 수 있는 앞다리를 가진 파충류의 모습이었다. 바다와 육지를 자유롭게 오갈 수 있는, 마치 악어처럼 만들어진 조각으로도 만들어졌는데, 현재 영국 런던의 크리스탈 팰리스 공원에 전시되어 있다. 앞주둥이는 살짝 뭉툭하고, 안쪽으로 살짝 휘어진 굵은 원뿔형 이빨로 가득 차 있다. 굵고 강하게 생긴 원뿔형 이빨은 먹잇감을 두 동강 내기에 안성맞춤이다. 아래턱 이빨은 14~17개, 위턱 이빨은 12~16개이다. 모사사우루스가 사냥의 무법자라고 불리는 이유 중 하나가 바로 입천장에 나는 익상치 때문이다. 입천장에 8~16개가 나 있다. 이러한 이빨을 가진 모사사우루스가 먹이를 사냥하면 원샷 원킬이었을 것이다. 강력한 턱과 이빨을 가진 모사사우루스에게 한 번 물린 이상 빠져나가는 건 거의 불가능했다.

모사사우루스 앞다리의 어깨뼈와 윗팔뼈는 부채꼴로 생겨서 헤엄칠 때 강력한 추진력을 발휘하는 데 유용했다. 특히 배의 패들처럼 생긴 네 개의 지느러미발은 바닷속을 자유자재로 누비고 다닐 수 있는 구조로 되어 있다. 물속에서 최상위 포식자로 군림할 수 있었던 또 하나의 무기는 꼬리이다. 꼬리뼈는 있지만 이 뼈를 둘러싼 연조직은 남아 있지 않기 때문에 모사사우루스의 꼬리 모양을 복원하는 데 어려움을 겪었다. 이전에는 모사사우루스 꼬리를 길쭉한 일자 형태로 복원했다. 2008년 연조직이 있는 꼬리 화석이 발굴됨으로써 상어의 꼬리처럼 세로로 서 있는 형태로 바뀌었다. 비대칭 꼬리는 낮은 속도로 오랫동안 헤엄치고, 순간 추진력을 내는 데 아주 유리하다.

모사사우루스의 눈구멍은 단단한 고리 형태이며, 다른 해양 동물보다 상대적으로 커서 시력이 좋았다. 눈이 두개골 측면에 있어 시야각이 약 28.5도로 시야는 좁지만, 해수면에 가까운 환경에서 먹이를 사냥하기에는 아주 훌륭했다.

후각을 담당하는 기관은 제대로 발달하지 않아 냄새를 맡아 다른 생물을 파악하기는 어려웠다. 후각이 좋지 않은 모사사우루스는 시체 청소부 역할도 할 수 없었다. 이들은 온전한 포식자로만 살았다. 포식자의 본능은 같은 종도 피해 가지 못했다. 모사사우루스 코노돈*Mosasaurus Conodon*의 골격 화석에는 두개골과 목 뒷부분에 여러 번 물린 상처와 부러진 상처, 구멍이 나 있다. 두개골의 구멍은 누군가에게 물린 상처이며, 이 상처로 인해 그 자리에서 즉사한 것으로 밝혀졌다.

당시 모사사우루스의 두개골을 물어뜯고 구멍까지 낼 수 있는 해양 생물은 과연 누구였을까? 연구자들은 두개골에 구멍을 낸 이빨 자국과 같은 이빨을 가진 생물을 찾아냈다. 같은 모사사우루스 코노돈이었다. 같은 종끼리도 서로 치명적인 상처를 입힐 정도로 사나웠던 것이다. 같은 종 사이에 치열한 경쟁을 할 수밖에 없었던 상황은 짝짓기 순간이나 먹이경쟁이 아니었을까.

바닷속에는 모사사우루스보다 더 강한 이빨을 장착한 틸로사우루스*Tylosaurus*, 프로그나토돈*Prognathodon* 등 다른 종의 해양 파충류도 많았다. 이들과는 서로 먹이경쟁을 피했다고 본다. 프로그나토돈은 모사사우루스보다 더 강한 이빨을 가졌기 때문에 모사사우루스가 주식으로 하지 않는 바다거북이나 단단한 껍데기를 가진 동물을 주로 사냥했을 것이다. 이러한 사실은 프로그나토돈의 위에서 발견된 화석으로 알 수 있다. 모사사우루스의 위에서는 경골어류처럼 조금 더 부드러운 먹이 화석이 발견됨으로써 먹이가 서로 겹치지 않았음을 알 수 있다. 최고의 포식자들은 서로 치명적인 상처를 입힌다는 것을 본능적으로 알았기 때문일지도 모른다.

폭군 도마뱀 제왕

티라노사우루스

Tyrannosaurus rex

분류 용반목ㅡ수각아목ㅡ티라노사우루스과

식성 육식성

발견 지역 북아메리카

생존 시기 백악기 후기(7,270~6,600만 년 전)

크기 몸길이 약 12.3~13미터, 몸무게 약 12.3~18.5톤

특징 티라노사우루스의 목은 S자로 휘어져 있고, 거대한 두개골을 지지하기 위해 짧고 강한 근육들로 이어져 있다. 가장 큰 두개골의 길이는 약 1.45미터이다. 정면을 응시하는 커다란 눈구멍이 있다. 눈의 시야는 현재 매와 비슷했을 것이며, 인간보다 13배나 더 좋은 시력을 가졌다고 추정한다. 인간은 아무리 멀리 보아도 1.6킬로미터 정도인데, 티라노사우루스는 약 6킬로미터 거리에 떨어져 있는 것도 볼 수 있는 시력을 가졌다.

티라노사우루스의 이빨 단면을 보면 D자 모양으로 굵고 단단하며, 양쪽에 톱날 모양 이빨이 있다. 가장 큰 이빨은 약 30.2센티미터나 된다. 턱은 매우 강한 근육들로 이루어져 있어 한입에 200킬로그램의 살점을 물어뜯을 수 있다.

디른 화석 표본의 연령과 조직을 연구한 결과 S자 모양의 성장 곡선을 볼 수 있었다. 14세가 될 때까지는 완만한 성장을 보이다가 18세까지 급격히 성장한다. 4년간 1년 평균 600킬로그램씩 체중이 증가했다. 이 곡선은 18세 이후가 되면 다시 완만해진다. 티라노사우루스가 성장하는 과정 중에 털을 가지고 있었다는 주장도 있다.

티라노사우루스 렉스 중에 가장 유명한 종은 시카고 필드자연사 박물관에 전시된 수Sue이다. 나이는 28세로 추정된다. 몸길이는 약 12.3~12.4미터, 몸무게는 약 9.3톤이다.

지금까지 50종의 티라노사우루스 렉스가 발굴되었다. 이 중 몇몇 종은 부드러운 조직과 단백질 성분까지 채취하는 데 성공했다.

놀라운 도마뱀 영웅

타르보사우루스

Tarbosaurus bataar

분류 용반목－수각아목－티라노사우루스과
식성 육식성
발견 지역 아시아 몽골
시기 백악기 후기(7,200~6,600만 년 전)
크기 몸길이 약 10~12미터, 몸무게 약 4~5톤
특징 몽골의 고비사막에서 처음 발굴된 타르보사우루스는 이족보행을 하는, 아시아의 가장 큰 육식공룡이다. 두개골의 길이만 해도 약 1.3미터이다. 큰 입에는 60개가 넘는 날카로운 이빨이 가득하다. 가장 큰 이빨은 약 8.5센티미터이다. 티라노사우루스과의 특징인 짧은 앞다리에 두 개의 발톱을 가지고 있다. 앞다리 길이는 다른 티라노사우루스과 공룡의 앞다리보다 비율상 더 작다. 육중한 몸을 받치고 있는 길고 두꺼운 뒷다리는 세 개의 발가락을 가지고 있다.
2006년에 발굴된 완벽한 타르보사우루스 새끼 화석의 두개골 크기는 약 2.9센티미터이고, 2~3세 정도라고 추정한다.
타르보사우루스가 살았던 고비사막의 네메그트 지층은 큰 강이 흐르고 습한 기후로 인해 나무가 크게 자랐을 것이다. 이곳에서는 연체동물, 물고기, 거북 같은 수생동물 화석과 육지에 살았던 포유동물, 새의 화석도 발굴된다. 또한 테리지노사우루스과, 오르니토미무스과 같은 공룡 그리고 많은 초식공룡도 함께 살았을 것이다.
당시 먹이사슬의 가장 꼭대기에 있었던 타르보사우루스는 사우롤로푸스*Saurolophus*나 네메그토사우루스*Nemegtosaurus* 같은 초식공룡을 사냥하며 살았을 것이다.

나오며

대멸종, 또 다른 세계의 시작과 생물들의 세대교체

극도의 산소 결핍으로 인해 육지와 바닷속이 텅 비어버렸던 페름기 후기 대멸종의 기나 긴 시간이 지나갔다. 그로부터 약 1억 8,550만 년 동안 중생대 지구는 육지, 바다 할 것 없이 그 어느 시기보다 활발한 생명 활동이 일어났다. 고생대까지만 해도 볼 수 없던 다양한 종의 생물이 등장하고 적응하고 진화하고 때로는 멸종하기도 했다.

중생대 백악기는 약 7,900만 년이나 이어졌다. 백악기의 대륙은 지금 대륙의 모습과 비슷해지고 있었다. 하지만 기후는 사뭇 달랐다. 백악기는 기후가 따뜻해지면서 해수면이 상승하고 육지로 둘러싸인 얕은 내해(지중해)가 많이 형성되었던 시기이다. 극지방의 빙하는 아직 형성되지 않아 숲으로 뒤덮여 있었다. 그래서 백악기의 모든 대륙은 공룡과 다양한 육지 생물로 점령되지 않은 곳이 없을 정도로 생명체가 살아가기에 적당한 기후 조건을 갖추고 있었다.

어디 공룡뿐이던가. 처음 꽃 피는 식물이 등장해 지금과 비슷한 수준인 약 90퍼센트의 속씨식물이 번성하기 시작했다. 꽃 피는 식물의 등장과 함께 곤충과 새도 번성해갔다. 백악기는 현생 포유류의 조상이 모두 등장한 시기이기도 하다. 포유류는 거대한 공룡의 그늘에 가려져 숨죽이며 살았겠지만, 나름대로 생존 방식을 터득했다. 이들의 치열한 생존 경쟁은 전쟁이나 다름없었을 것이다.

모든 것이 영원히 지속될 것만 같았던 기나 긴 세월도 한순간에 사라지고 말았다. 영원한 땅의 지배자로 여겼던 공룡, 바다를 점령했던 모사사우루스, 그리고 암모나이트가 어느 순간 사라져버렸다. 하늘의 악동이었던 거대한 익룡도 없어졌다. 대체 육지와 바다와 하늘에서 어떤 일이 일어났던 것일까? 고지질학 연구자들은 백악기 후기 생물의 멸종 원인을 크게 두 가지로 추측하고 있다.

첫 번째는 지구 역사상 가장 많은 화산 활동으로 인한 대멸종이다. 특히 백악기 후기는 대륙 이동과 해양판의 섭입으로 지진과 화산 폭발이 자주 발생했다. 섭입이란 판과 판이 서로 충돌해 한 판이 다른 판 밑으로 들어가는 현상을 말한다. 이런 현상은 주로 해구에서 발생했다. 해양에서 가장 깊고 대륙 주변에 위치하다 보니 해구 주변의 대륙은 끊임없는 지진과 화산 활동으로 극심한 피해를 입었다.

연구자들은 백악기 후기에 지구 역사상 가장 오랜 기간 지속되었던 화산 활동의 증거로 데칸 트랩을 든다. 데칸 트랩은 인도 중서부 데칸고원에 위치한 거대한 화성암 지대이다. 약 2,000미터에 달하는 두꺼운 현무암층이 50만 제곱킬로미터나 된다. 분출된 용암이 만든 지층의 부피는 무려 100만 세제곱킬로미터로, 지구 표면적의 10분의 1에 해당하는 넓이이다. 데칸 트랩은 인도판이 유라시아판 아래로 섭입되면서 만들어졌다.

화산 활동은 약 6,600만 년 전부터 시작되어 30만 년 동안 지속되었다. 그동안 상상조차 안 될 만큼 어마어마한 화산재와 화산가스(질소, 아황산가트, 황화수소, 메탄, 염소 등)가 분출되어 전 지구적 대기오염과 기후변화에 큰 영향을 주었다. 데칸 트랩이 분출되면서 당연히 대기 중의 이산화탄소 농도가 증가했으며, 이로 인해 지구 평균 기온이 섭씨 2도가량 상승했다. 해수의 온도 역시 상승해 바닷물의 밀도는 낮아지고 부피는 증가하고 해수면이 상승했다. 해수면 상승은 해양 순환을 변화시켰고, 침수, 범람, 홍수, 폭염, 폭풍, 가뭄 등 이상기후변화를 불러왔다. 이런 변화는 환경뿐만 아니라 생태계에도 커다란 타격을 주었다. 무엇보다 심각한 점은 화산가스가 분출된 뒤 내린 산성비가 육지 생태계의 큰 축을 담당하는 식물에 치명적 피해를 입혔다는 것이다. 이 피해는 연쇄적으로 초식동물에게까지 영향을 주었고, 초식동물이 사라지자 육식동물도 멸종에 이르렀다.

두 번째는 약 6,600만 년 전 발생했던 소행성 충돌 사건이다(과학계에서는 소행성의 충돌인지, 혜성의 충돌인지에 대해 논란 중이다. 여기서는 소행성의 충돌로 보겠다. 2020년에 발표된 조엘, 치아렌자, 헐 등의 논문과 다수의 연구자에 따르면 K-Pg 경계에서의 이리듐의 양적 수치와 분화구 크기로 봐서는 혜성보다 소행성의 충돌에 의한 가능성이 크다고 본다). 백악기 후기에 발생한 지구 생물 멸종에 가장 치명적인 영향을 준 사건으로 기록되어 있다. 소행성 충돌 분화구는 멕시코의 유카탄반도에 있다. 유카탄주 칙술루브와 가까워서 칙술루브 분화구라고도 한다. 분화구의 지름은 약 180킬로미터이고, 깊이는 약 20킬로미터이다.

이 분화구는 1970년대 말 유카탄반도에서 석유를 탐사하던 지구물리학자 안토니오 카마르고와 글렌 펜필드가 처음 발견했지만, 당시엔 이곳이 분화구라는 직접적인 증거를 찾을 수 없었다. 그러다가 1990년대 캐나다 캘거리대학교 지구과학과 부교수 앨런 R. 힐데브란트에 의해 재조명되며 칙술루브가 분화구라는 증거가 발견된다.

칙술루브가 분화구라는 증거는 크게 세 가지이다. 첫째 석영이 구조적으로 변형된 것을 볼 수 있다. 석영은 강한 압력이 가해지면 결정 내부 평면을 따라 결정 구조의 변형이 일어나는데, 이는 현미경으로만 관찰할 수 있는 가는 선으로 나타난다. 이를 평면변형형산 또는 충격 라멜라라고 한다. 칙술루브 지역의 석영에서 작은 유리 라멜라가 형성된 것을 관찰할 수 있다.

둘째 중력이상 현상이다. 지구의 밀도가 균일한 회전 타원체라면 표면의 모든 지점에서 측정된 중력은 정확한 수식으로 표현된

멕시코 유카탄반도의 칙술루브와 분화구

다. 그런데 비정상적인 지하 밀도, 지형과 지질 구조의 변화가 있는 곳이라면 수치가 맞지 않는 중력이상 현상이 나타난다. 1940년대 멕시코 국영회사가 칙술루브에서 시추 작업을 할 때 중력이상을 탐지한 적이 있다. 그때는 이런 결과 값이 무엇을 의미하는지 정확히 이해하지 못하다가 최근 재탐사에서 유카탄반도 해안의 퇴적층 아래 깊은 곳에 크레이터가 있다는 사실을 알게됨으로써 소행성 충돌 가능성에 더 큰 힘을 실어주었다.

셋째 텍타이트Tektite이다. 텍타이트는 화산을 통해 방출되는 흑요석(유리)과 아주 비슷하게 보이지만, 운석 충돌 중에 만들어진 텍타이트는 고유한 특징을 가지고 있다. 텍타이트는 운석이 거대한 충돌로 인한 고온·고압 상태로 대기권을 통과하다가 급격히 냉각

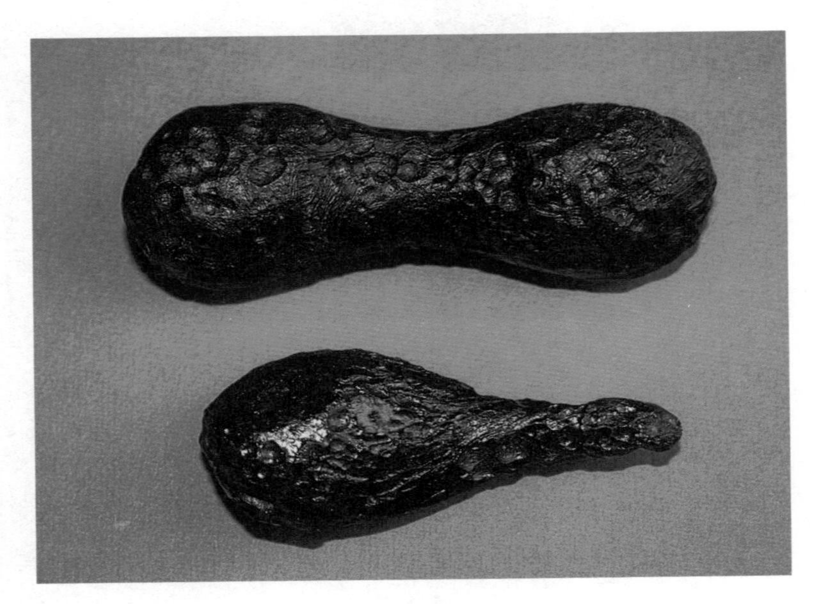

텍타이트

되어 고체화된 유리 광물이다. 떨어진 그 지역 기반암 또는 지역 퇴적물과는 화학적 관계가 없다.

운석이 충돌하면서 지구에는 텍타이트가 매우 작은 검은색 유리 입자 형태로 하늘에서 비처럼 내렸다. 그래서 지리적으로 광범위하게 넓은 지역에 분포하게 되었다. 지구에 있는 구성 물질로 보기에는 어려운 광물 성분을 가진 텍타이트가 지구 곳곳에서 발견되고 있다.

운석 충돌의 또 다른 결정적인 증거로는 백악기 후기와 신생대의 경계에서만 보이는 다량의 이리듐이다. 백악기 후기 대멸종 시기를 가리킬 때 K-Pg 멸종, K-Pg 경계라는 용어를 사용한다. 이는 백악기Kreidezeit(독일어) 후기의 대멸종 시기와 신생대의 시작을 알리는 제3기, 즉 팔레오세Paleocene의 약자이다. 이 경계에서 비정상적으로 높은 이리듐을 함유한 퇴적층이 전 세계적으로 고르게 나타나고 있다. K-Pg 경계에서 보이는, 이리듐이 퇴적된 지층의 두께만도 약 30~40센티미터에 달한다. 이리듐은 지각에 대략 1×10^{-8}퍼센트가 존재하는데, 금이 약 40분의 1, 백금이 약 10분의 1인 것에 비하면 정말 희귀한 원소이다. 그런데 우주에서 지구로 떨어진 철질운석에는 3만 배나 높은 약 3피피엠, 석질운석에는 약 0.64피피엠의 이리듐이 포함되어 있다.

소행성이 충돌한 직후 지구는 어떤 상태였을까? 이 충돌의 위력은 제2차 세계대전 당시 히로시마에 떨어진 핵폭탄 100억 개가 한꺼번에 터진 것과 같다. 소행성의 추락과 동시에 그곳의 기반암(지반암석)은 순식간에 증발해 소행성 파편들과 함께 눈 깜짝할 사이에 대기로 퍼져나갔고, 다시 텍타이트가 되어 쏟아져 내렸다. 사방에 떨어진 파편들로 전 지구는 붉게 타올랐다. 소행성이 떨어진 폭발 중심 근처에서는 시속 1,000킬로미터의 바람이 불었고, 폭 100킬로미터, 깊이 30킬로미터의 분화구가 형성되었다. 현재 이 분화구는 600미터의 퇴적물로 덮혀 있다. 동시에 지진해일이 발생해 파고의 높이가 100미터가 넘는 메가쓰나미가 발생했다. 쓰나미가 6,000킬로미터나 떨어져 있는 미국 텍사스와 플로리다까지 도달했다는 증거는 그곳에 쌓인 퇴적물에서 찾아냈다.

폭발 직후 반지름 1,000킬로미터 이내의 모든 생명체가 사라져 버렸다. 먼지, 재, 증기구름 등 유해한 기체성분 때문에 지구의 대기는 순식간에 검은색으로 변했고, 햇빛은 지구 대기층을 뚫고 들어오지 못했다. 지구는 대기 중 먼지로 햇빛이 차단된 상태에서 냉각기가 진행되었고, 산성비가 내리기 시작했다. 산성비는 바다의 90미터 깊이까지 파고들어 오염시켰다. 칙술루브 분화구를 중심으로 낙진과 대형 산불, 쓰나미 등이 약 3,500킬로미터까지 영향을 주었다. 2016년 시작된 국제대륙과학시추프로그램ICDP 유카탄반도의 굴착 조사에 따르면 3,250억 톤의 황이 대기 중으로 방출되었다고 한다. 대기 속 황은 작은 입자로 다른 먼지들과 함께 햇빛을 차단하는 주범이다. 낙진은 수십만 년 동안 지구 표면을 덮어 사상 최대의 겨울을 맞이하게 되었다. 지구가 최악의 상황을 맞이한 것이다. 긴 세월에 걸쳐 해양 생물을 포함해 76퍼센트의 생물종이 지구상에서 영원히 사라졌다.

약 1억 8,600만 년 동안 지속되었던 중생대가 끝났다. 또 다른 생과 사가 결정되었으며, 서서히 새로운 시대의 막이 올랐다. 현재 우리가 살고 있는 신생대, 즉 포유류의 시대가 열린 것이다. 중생대에 파충류가 차지하고 있던 바다와 육지의 공백을 포유류가 아주 천천히 채우기 시작했다. 어마무시한 천적이 사라졌으니 포유류는 더 이상 시력이 없는 상태로 지하 세계에서 살지 않아도 됐다. 텅 빈 육지에 작은 몸을 드러낸 포유류는 밤에 했던 먹이 활동을 해가 떠오른 낮에 할 수 있게 되었다. 자연히 먹이 활동이 왕성해졌다. 땅속을 벗어나 땅 위로 올라온 포유류는 다양한 곳으로 삶의 터전을 확장해나갔다. 마침내 포유류가 육지 생태계의 당당한 일원으로 우뚝 서게 되었다.

식물상 또한 변화했다. 신생대보다 더 따뜻한 중생대에 서식했던 겉씨식물보다 온대 기후와 한대 기후가 늘어난 신생대 속씨식물의 다양성이 더 높아졌다. 다양한 꽃의 번성은 다른 동물의 번성을 가져왔다. 겉씨식물이 바람을 통해 꽃가루를 암구화수 머리에 옮기는 수분을 했다면, 암술과 수술을 갖춘 속씨식물은 바람을 통해서는 수분이 이루어지지 않는다. 수분을 돕는 어떤 매개체가 있어야 한다. 이런 역할을 주로 곤충과 새, 포유류들이 하게 되었다.

이처럼 꽃이 핀다는 것은 곤충과 새, 포유류 같은 다양한 동물도 공생하며 살아간다는 말이다. 중생대에선 크게 번성하지 못했던 곤충과 새, 포유류가 신생대에 들어서면서 폭발적으로 증가했다. 비어 있던 신생대의 생태계는 다른 모습을 한 동물과 식물로 천천히 채워지며 안정을 되찾기 시작했다.

46억 년의 지구 역사를 돌아보면 생물은 멸종과 탄생, 진화의 연속이었다고 해도 과언이 아니다. 지난 다섯 번의 대멸종이 발생하지 않았다면 인류뿐만 아니라 지금 우리와 함께 살아가고 있는, 우리가 알고 있는 약 150만 종의 생물은 없었을 수도 있다. 2019년 국제자연보전연맹ICUN의 보고서에 따르면 아직 지구상에서 발견되지 않은 생물종 수가 약 800만 종으로 추정된다.

오늘날 여섯 번째 대멸종이라는 말이 나오고 있다. 2020년 ICUN은 매년 멸종되는 생물종 수는 약 1,000종에서 1만 종 사이로 추정되며, 하루에 한 종에서 열 종의 생물이 지구상에서 사라져가고 있다고 발표했다. 멸종에 가장 취약한 생물은 식물과 곤충이다. 이들은 보이지 않는 곳에서 큰 역할을 하는 생태계에서 가장 중요한 구성원이다. 그러니 작은 식물 하나의 멸종, 작은 곤충 하나쯤의 멸종으로 치부해선 안 된다. 생태계는 이 지구상의 모든 생물과 연결되어 있다.

얼마 전 기후변화, 꿀벌 기생충, 살충제 등과 같은 여러 이유로 꿀벌이 사라져가고 있다는 기사를 접했다. 꿀벌이 없다면 꿀벌과 연결되어 있는 모든 식물의 번식도 이루어지지 않을 것이고, 이는 건강한 생태계의 순환이 끊어진다는 뜻이다. 인간의 생존과 직결되어 있다는 말이기도 하다. 분해자 역할을 하는 작은 균까지도 생태계의 중요한 구성원이다. 생태계에 존재하는 모든 것은 어느 하나 허투루 다룰 수 없는 존재이다. 이들과의 탄탄한 공존만이 인간의 멸종을 막을 수 있다. 지구 생태계 안에서 지속가능한 삶을 누리기 위해서는 전 지구적으로 가장 위협이 되는 인간의 활동을 절제해야 한다.

• Benton, M. J. (2014). Vertebrate palaeontology. John Wiley & Sons.

Kustatscher, E., & Van Konijnenburg-van Cittert, J. H. (2005). The Ladinian Flora (Middle Triassic) of the Dolomites: palaeoenvironmental reconstructions and palaeoclimatic considerations. Geo. Alp, 2, 31-51.

• Panciroli, E., Benson, R. B., & Luo, Z. X. (2019). The mandible and dentition of Borealestes serendipitus (Docodonta) from the Middle Jurassic of Skye, Scotland. Journal of Vertebrate Paleontology, 39(3), e1621884.

• Ryan M. C., Helmut T. & Matthew D. S., (2020). Evidence corroborates identity of isolated fossil feather as a wing covert of Archaeopteryx. Scientific report. 10(1). 15593.

• Chaboureau, A. C., Sepulchre, P., Donnadieu, Y., & Franc, A. (2014). Tectonic-driven climate change and the diversification of angiosperms. Proceedings of the National Academy of Sciences, 111(39), 14066-14070.

• Sauquet, H., Von Balthazar, M., Magallón, S., Doyle, J. A., Endress, P. K., Bailes, E. J., ... & Schönenberger, J. (2017). The ancestral flower of angiosperms and its early diversification. Nature communications, 8(1), 1-10.

• Wachtler, M. (2011). Ferns and seed ferns from the Early-Middle Triassic (Anisian) Piz da Peres (Dolomites-Northern Italy). Dolomythos, Innichen, 57-79.

• Augustin, F. J., Matzke, A. T., Maisch, M. W., Hinz, J. K., & Pfretzschner, H. U. (2020). The smallest eating the largest: The oldest mammalian feeding traces on dinosaur bone from the Late Jurassic of the Junggar Basin (northwestern China). The Science of Nature, 107, 1-5.

• Labandeira, C. C., Kustatscher, E., & Wappler, T. (2016). Floral assemblages and patterns of insect herbivory during the Permian to Triassic of Northeastern Italy. PLoS One, 11(11), e0165205.

• Sun, G., Ji, Q., Dilcher, D. L., Zheng, S., Nixon, K. C., & Wang, X. (2002). Archaefructaceae, a new basal angiosperm family. Science, 296(5569), 899-904.

• Sauquet, H., Von Balthazar, M., Magallón, S., Doyle, J. A., Endress, P. K.,

Bailes, E. J., ... & Schönenberger, J. (2017). The ancestral flower of angiosperms and its early diversification. Nature communications, 8(1), 1-10.

• Bao, T., Wang, B., Li, J., & Dilcher, D. (2019). Pollination of Cretaceous flowers. Proceedings of the National Academy of Sciences, 116(49), 24707-24711.

• Tihelka, E., Li, L., Fu, Y., Su, Y., Huang, D., & Cai, C. (2021). Angiosperm pollinivory in a Cretaceous beetle. Nature Plants, 7(4), 445-451.

• Persons IV, W. S., Currie, P. J., & Erickson, G. M. (2020). An older and exceptionally large adult specimen of Tyrannosaurus rex. The Anatomical Record, 303(4), 656-672.

• Smith, J.B. Lamanna, M.C. Mayr, H., Lacovara, K.J. (2006). "New information regarding the holotype of Spinosaurus aegyptiacus Stromer, 1915". Journal of Paleontology. 80 (2). 400–406.

• Florides, G. A., & Christodoulides, P. (2021). On Dinosaur Reconstruction: An Introduction to Important Topics of Paleontology and Dinosaurs. Open Journal of Geology, 11(10), 525-571.

• Aberhan, M., Weidemeyer, S., Kiessling, W., Scasso, R. A., & Medina, F. A. (2007). Faunal evidence for reduced productivity and uncoordinated recovery in Southern Hemisphere Cretaceous-Paleogene boundary sections. Geology, 35(3), 227-230.

• Lee, S. A., & Thomas, J. D. (2014). Forelimbs of Tyrannosaurus Rex: A pathetic vestigial organ or an integral part of a fearsome predator?. The Physics Teacher, 52(9), 521-524.

• Hurum, J. H., & Sabath, K. (2003). Giant theropod dinosaurs from Asia and North America: skulls of Tarbosaurus bataar and Tyrannosaurus rex compared. Acta Palaeontologica Polonica, 48(2).

• Sun, G., Ji, Q., Dilcher, D. L., Zheng, S., Nixon, K. C., & Wang, X. (2002). Archaefructaceae, a new basal angiosperm family. Science, 296(5569), 899-904.

• Labandeira, C. C., & Sepkoski Jr, J. J. (1993). Insect diversity in the fossil record. Science, 261(5119), 310-315.

• Donnadieu, Y., Pierrehumbert, R., Jacob, R., & Fluteau, F. (2006). Modelling

the primary control of paleogeography on Cretaceous climate. Earth and Planetary Science Letters, 248(1-2), 426-437.
• Gandolfo, M. A., Nixon, K. C., & Crepet, W. L. (2004). Cretaceous flowers of Nymphaeaceae and implications for complex insect entrapment pollination mechanisms in early angiosperms. Proceedings of the National Academy of Sciences, 101(21), 8056-8060.
• Harrison, J. F., Kaiser, A., & VandenBrooks, J. M. (2010). Atmospheric oxygen level and the evolution of insect body size. Proceedings of the Royal Society B: Biological Sciences, 277(1690), 1937-1946.
• Horner, J. R., & Padian, K. (2004). Age and growth dynamics of Tyrannosaurus rex. Proceedings of the Royal Society of London. Series B: Biological Sciences, 271(1551), 1875-1880.
• Hutchinson, J. R., Bates, K. T., Molnar, J., Allen, V., & Makovicky, P. J. (2011). A computational analysis of limb and body dimensions in Tyrannosaurus rex with implications for locomotion, ontogeny, and growth. PloS one, 6(10), e26037.
• Schweitzer, M. H., Wittmeyer, J. L., Horner, J. R., & Toporski, J. K. (2005). Soft-tissue vessels and cellular preservation in Tyrannosaurus rex. Science, 307(5717), 1952-1955.
• DePalma, R. A., Burnham, D. A., Martin, L. D., Rothschild, B. M., & Larson, P. L. (2013). Physical evidence of predatory behavior in Tyrannosaurus rex. Proceedings of the National Academy of Sciences, 110(31), 12560-12564.
• Tapanila, L., & Roberts, E. M. (2012). The earliest evidence of holometabolan insect pupation in conifer wood. PLoS One, 7(2), e31668.
• Billon-Bruyat, J. P., Mazin, J. M., & Pouech, J. (2010). A stegosaur tooth (Dinosauria, Ornithischia) from the Early Cretaceous of southwestern France. Swiss Journal of Geosciences, 103, 143-153.
• Marriott, K. L., Bartholomew, A., & Prothero, D. R. (2023). Evolution of the Ammonoids. CRC Press.

본문 사진 출처

37쪽, 41쪽, 60쪽, 102쪽 저자 직접 촬영
43쪽–https://commons.wikimedia.org/wiki/File:Lystrosaurus_georgi_mounted_skeleton.jpg
56쪽 왼쪽 사진–https://commons.m.wikimedia.org/w/index.php?search=Voltzia&title=Special:MediaSearch&type=image
56쪽 오른쪽 사진–https://commons.wikimedia.org/wiki/File:Araucarioxylon_species_round_Arizona_02.jpg
70쪽–https://commons.wikimedia.org/wiki/File:Longisquama_insignis_fossil.JPG
92쪽–https://commons.wikimedia.org/wiki/File:Foraminifera_shell_section.jpg
127쪽–https://commons.wikimedia.org/wiki/File:Diplodocus_caudal_vertebrae_NHM.JPG
156쪽–https://commons.wikimedia.org/wiki/File:Urvogel_(Archaeopteryx_bavarica).jpg
171쪽 왼쪽 사진–https://commons.wikimedia.org/wiki/File:Acanthocrinus_rex_(cast)_at_G%C3%B6teborgs_Naturhistoriska_Museum_0539.jpg
171쪽 오른쪽 사진–https://commons.wikimedia.org/w/index.php?search=Crinoid&title=Special:MediaSearch&go=Go&type=image
199쪽–https://commons.wikimedia.org/wiki/File:Field_Spinosaurus.jpg
235쪽–https://commons.wikimedia.org/wiki/File:Mosasaurus_lemonnieri_skull_34314.JPG
246쪽–https://commons.wikimedia.org/wiki/File:Two_tektites.JPG

페름기 대멸종 이후 다시 꽃핀

중생대 지구 여행

멸종과 진화가 만들어낸 꽃 피는 식물과 공생한 곤충,
땅을 지배한 공룡과 숨죽인 포유류까지

1판 1쇄 인쇄 | 2024년 9월 19일
1판 1쇄 발행 | 2024년 9월 26일

지은이 | 조민임

펴낸이 | 박남주
편집자 | 박지연
디자인 | 남희정
펴낸곳 | 플루토

출판등록 | 2014년 9월 11일 제2014-61호
주소 | 07803 서울특별시 강서구 마곡동 797 에이스타워마곡 1204호
전화 | 070-4234-5134
팩스 | 0303-3441-5134
전자우편 | theplutobooker@gmail.com

ISBN 979-11-88569-71-7 03470